内蒙古自然教育科普读物

——植物篇

内蒙古自治区生态环境宣传教育中心 编

中国农业科学技术出版社

图书在版编目（CIP）数据

内蒙古自然教育科普读物．植物篇／内蒙古自治区生态环境宣传教育中心编．-- 北京：中国农业科学技术出版社，2023.1

ISBN 978-7-5116-6209-5

Ⅰ．①内…　Ⅱ．①内…　Ⅲ．①自然科学－普及读物 ②植物－普及读物　Ⅳ．① N49 ② Q94-49

中国国家版本馆 CIP 数据核字（2023）第 027355 号

责任编辑　陶　莲
责任校对　贾若妍　李向荣
责任印制　姜义伟　王思文

出 版 者　中国农业科学技术出版社
北京市中关村南大街 12 号　　邮编：100081
电　　话　（010）82109705（编辑室）（010）82109702（发行部）
（010）82109709（读者服务部）
传　　真　（010）82109705
网　　址　http://castp.caas.cn
经 销 者　各地新华书店
印 刷 者　北京建宏印刷有限公司
开　　本　210 mm × 285 mm　1/16
印　　张　9.75
字　　数　267 千字
版　　次　2023 年 1 月第 1 版　2023 年 1 月第 1 次印刷
定　　价　86.00 元

《内蒙古自然教育科普读物——植物篇》

编 委 会

序
PREFACE

黄河是中华民族的母亲河，保护黄河是事关中华民族伟大复兴的千秋大计。党的十八大以来，习近平总书记对黄河保护治理工作高度重视，多次深入沿黄省区考察，召开重要会议，就黄河流域生态保护和高质量发展发表重要讲话、作出重要指示批示，明确强调要坚持绿水青山就是金山银山的理念，坚持生态优先、绿色发展，以水而定、量水而行，因地制宜、分类施策，上下游、干支流、左右岸统筹谋划，共同抓好大保护，协同推进大治理。

黄河内蒙古[①]段全长 843.5 千米，流域涉及 7 个盟市 42 个旗县（市、区），区位独特、产业集中，物种丰富、生态地位重要，加强黄河内蒙古段生态保护治理使命光荣、责任重大、任务艰巨。为深入贯彻习近平生态文明思想和习近平总书记关于黄河流域生态保护和高质量发展重要指示精神，提高沿黄盟市自然教育工作实效，增进公众对黄河流域生态状况特别是植物本底的了解，增强全民生态环境保护意识，引导动员广大公众更加积极主动地参与黄河流域生态保护治理，助力推进落实习近平总书记交给内蒙古的“五大任务”，坚决筑牢我国北方重要生态安全屏障，内蒙古自治区生态环境宣传教育中心组织编写了本书。

本书编写过程中，我们坚持立足内蒙古实际、突出地方特色，既严格把握黄河内蒙古段这一流域范围不突破，又对流域内植物多样性进行认真梳理和全面展示，努力使读者对黄河内蒙古段植物类型和分布有全面清晰的了解和掌握。我们坚持加强编写审核、保证图书质量，组织区内知名高校、科研院所生态学、植物学、教育学等领域的教授、专家学者和长期活跃在一线的环保志愿者广泛参与，认真研究确定图书篇章结构和主要内容，对书稿层层审核把关、反复修改完善，坚决保证图书的科学性、准确性。我们注重创新图书形式、丰富图书内容，既为所有植物配套清晰图片、对植物的形状特征进行文字说明，又对部分植物的药用价值等作出注解，特别是创新性地为书中常见植物对应增配了义务教育阶段有关诗词歌赋，努力增强图书的人文特性，创新性地设计提出了一些老少咸宜、简单有趣的自然游戏，进一步增强图书的趣味性。同时，还在书中设计了记录页，方便读者朋友随时记下自己的所

① 内蒙古自治区，全书简称内蒙古。

思所想、学习心得，努力满足广大读者的不同阅读需要，使广大读者真正从中受益、学有所获。

本书的顺利出版，得益于郭晓雷、周培、向昌林、王静、包红光、姜圆圆等几位老师的热心参与和悉心指导，得益于编写组各位成员的团结协作和辛勤付出。在此，我代表内蒙古自治区生态环境宣传教育中心，对参与本书编写全体人员表示衷心的感谢！

2023 年 1 月

目 录
CONTENTS

第一章
黄河流域典型植被分布概况

黄河是中国第二长河，全长 5 464 千米，自西向东分别流经青海、四川、甘肃、宁夏、内蒙古、陕西、山西、河南及山东 9 个省（区），最后流入渤海。黄河流域是中华文明最主要的发源地，也是中国重要的生态屏障。

黄河流域幅员辽阔，沙漠浩瀚，草原广布，峡谷险峻，瀑布气势恢宏，自然景观壮丽秀美。水温条件优越，区域内各类自然资源都十分丰富，是兼具水源涵养、水土保持、碳贮存、防风固沙、生物多样性保护等多种功能的重要生态功能区。

第一节　黄河流域植被带

黄河流域境内由于剧烈起伏的地势，类型多样的地貌，以及复杂的生境，为各种植物的生长创造了条件。自西向东跨越了青藏高原植被带、荒漠地带、草原地带和落叶阔叶林带 4 个植被带。

青藏高原植被带　主要为黄河流域兰州以西地区，该地区地势骤然升高，气候和植被条件与东部截然不同，除湟水谷地分布着温带草原外，绝大部分地区皆为高寒草甸、灌丛和高寒草原。

荒漠地带 位于黄河流域西北部，仅包括鄂尔多斯市西端桌子山附近及贺兰山以南地区。石质山丘、砾石戈壁、地势低洼地段分别分布着少数耐寒、抗旱、耐盐碱的植物。

草原地带 位于落叶阔叶林地带的西北部。气候干旱，森林和灌丛发育不良，草原植被类型也发生了变化。广大的黄土高原上皆为各种类型的长芒草草原和短花针茅草原。内蒙古高原草地结构类型自东向西依次为克氏针茅草原、短花针茅草原和小针茅草原。

落叶阔叶林带 位于流域东、南部，包括延河、渭河等流域的中下游，及其以东和以南的广大地区，如黄河下游大汶河流域、太行山脉西麓和吕梁山地、流域南部的秦岭以及其东部支脉伏牛山以及黄土高原中的低山等。黄河中游以子午岭与黄龙等为主的所有天然林面积约为10 000平方千米。

第二节　内蒙古段植被情况

黄河流域内蒙古段处于黄河“几”字弯的上半部分，从宁蒙界都思兔河口流入内蒙古，流经鄂尔多斯市、乌海市、阿拉善盟、巴彦淖尔市、包头市、呼和浩特市和乌兰察布市，内蒙古境内总长为 843.5 千米，占黄河总长度的 15.4%；穿行于库布其和乌兰布和两大沙漠之间，向北遇阴山山脉向东再向南流淌，在阴山南麓和鄂尔多斯高原间形成巨大“几”字弯。于鄂尔多斯市准格尔旗马栅乡附近出境，内蒙古境内流域面积 15.12 万平方千米，其中产流面积为 9.03 万平方千米，闭流面积为 3.61 万平方千米，不产流面积为 2.48 万平方千米。

内蒙古沿黄地区是黄河流域重要的生态屏障，也是内蒙古经济发展核心区。内蒙古黄河流域能源资源丰富，也是国家重要的农畜产品生产基地。

内蒙古地处中国北部，幅员辽阔，植被类型丰富，主要有针叶林、落叶阔叶林、草原和荒漠等。东部大兴安岭拥有丰富的森林植物及草甸、沼泽与水生植物；中部的阴山山脉及西部的贺兰山兼有森林和草原植物，还有草甸、沼泽植物；高平原和平原地区以草原与荒漠旱生植物为主，含有少数的草甸植物与盐生植物。内蒙古沿黄地区有草原、湿地、河流、湖泊、沙漠、戈壁等自然景观，植被包含荒漠植物、草原植物、山地植物、水生植物等。

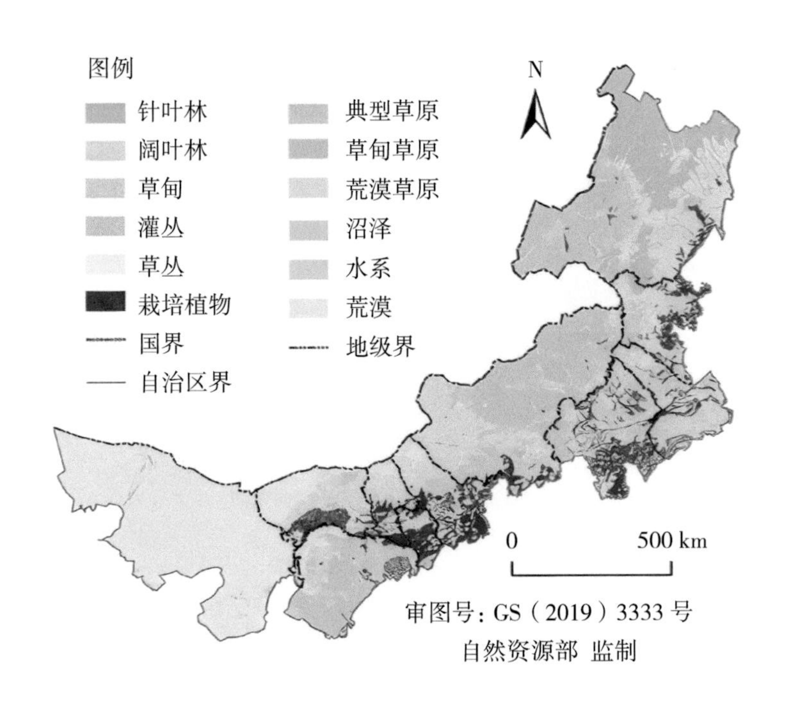

第二章
植物基础认知

第一节　植物分类学基础

什么是植物

植物（Plants）是生命的一种形态，是能通过光合作用把无机物转化为有机物的一类自养型生物。

植物和动物的区别在于能否“走动”，所以大部分植物成了动物的食物，为食草动物提供了赖以生存的养分和能量。因为植物无法“走动”，所以环境成为影响植物生长和生存的主要因素，植物不但生命周期与四季同步，而且形态外貌和遗传因子等也会受环境影响，从而拥有许多独特的生存本领。例如：生活在干旱环境的亲缘关系相隔甚远的仙人掌科的仙人掌和大戟科的霸王鞭，却具有相似的外貌特征，均形成了肉茎和刺。“蓬生麻中，不扶自直”这句话是说蓬（一种草），一般情况下茎秆弯曲，不直，但生长在茎秆直挺向上的麻中间，不用扶它，自然就长直了。这也说明植物与周围生存环境关系密切。

植物还有一个独特的本领，就是再生能力。植物可以在失去部分器官以后，继续生长，长出具有各

种器官的新植株，比如：用树木的枝条扦插，可以长出一棵新的树木；用一个有芽的土豆块可以得到一株土豆；用一个植物细胞组织培养会长成一个完整植株。这可是动物无法比拟的。

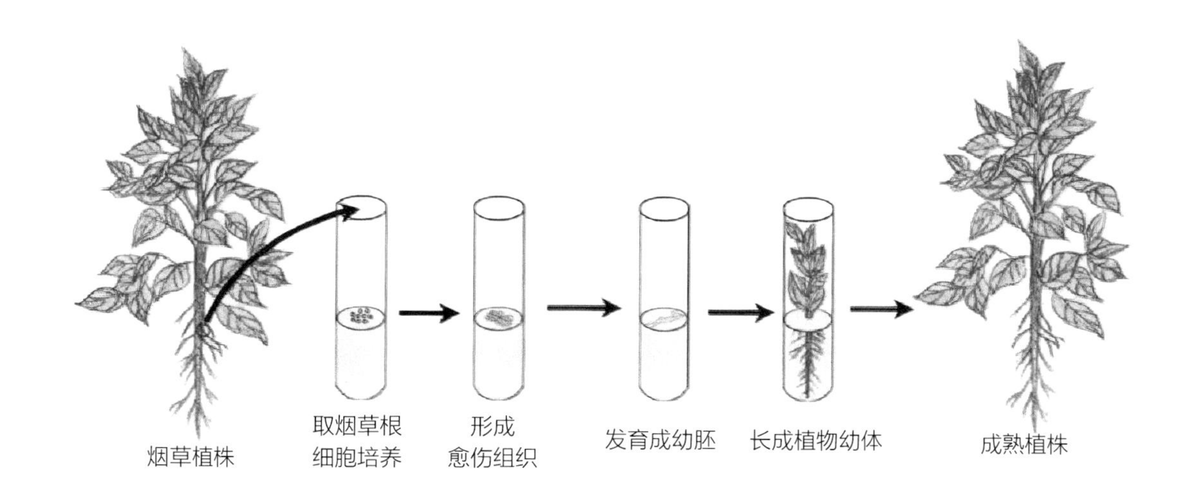

植物的分类

植物是生物界中的一大类，植物王国的成员众多，可以用千姿百态、五彩缤纷、姹紫嫣红等形容。随着人类对植物认识的发展，也为了更好地认识植物，人们对植物进行了分类。要说植物的分类还要从植物的进化说起。

植物也是有漫长历史的，从低级到高级，从简单到复杂，从水生到陆生；从利用阳光和无机物制造有机物到原始的藻类，从水生植物到蕨类植物，从裸子植物到被子植物，地球上这些具有植物特征的生物集合成了植物界。

植物界根据一定特征划分成不同的类群，如藻类植物、菌类植物、地衣植物、苔藓植物、蕨类植物、裸子植物和被子植物等。人们为了方便对植物认识和利用，选择了人为的分类方法，例如：按照茎的形态分为乔木、灌木、藤类、草本；按植物的用途分为经济作物、观赏植物等。当然，更科学的是按照进化、亲缘关系进行分类的自然分类法。这种方法利用界、门、纲、目、科、属、种等分类单位，按照其高低和从属关系顺序排列，能更清晰地说明植物间的亲缘关系，更直观地反映生物学特性的异同。

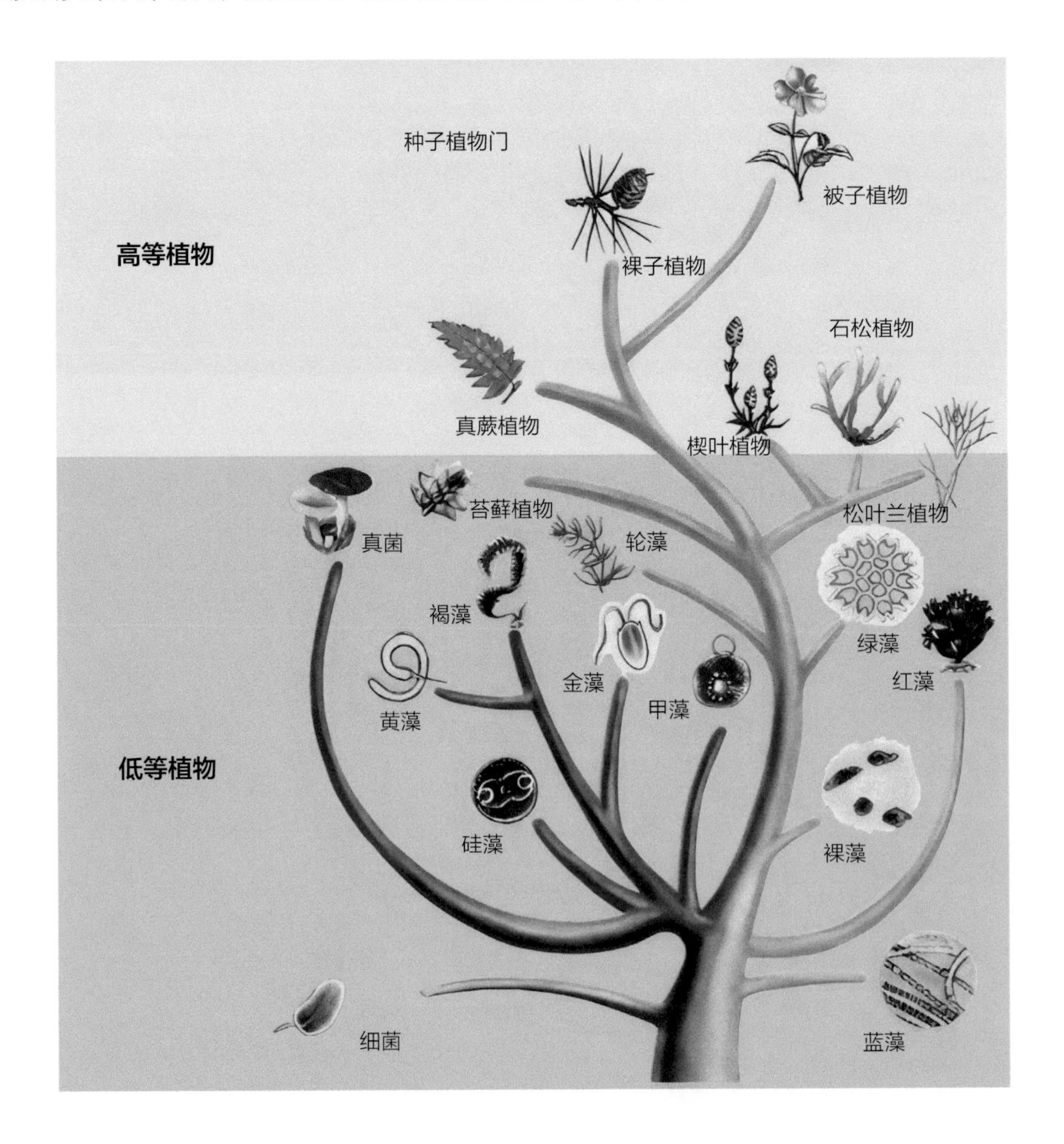

植物的作用

植物是大自然赋予人类的财富，在我们日常生活中植物的踪迹四处可见。

大部分植物有缤纷的花朵，葱郁的叶片，强韧的枝条，丰硕的果实；这些都是人类衣、食、住、行的必需品。实际上远不止这些，植物给人类提供了超乎想象的资源。为人类提供赖以生存的氧气，调节气候，保持水土，涵养水源；为人类提供科研和仿生学价值；不仅如此，还提供经济价值和美学价值。

你以为就这些吗？植物还能转贮能量，提供生命动能源；促进物质循环，维持生态平衡；参与生物圈的形成，推动生物界发展。

人类离不开植物，我们应该保护植物，爱护花草，珍惜植物带给我们的一切，尊重每一个生命。

第二节　种子植物的独特价值

大自然中任何一种植物，都是有其独特的价值的！

自然界中，植物的出现远远早于人类。植物进化的同时也推进了人类的进化，改变了人类的饮食习惯和体质；在长期生活和生产实践中，人类在经验和智慧中总结了植物对健康和疾病的作用；随着人类对生活品质追求的提高，植物的美化、艺术和文化特质被逐渐发掘，甚至还有些植物影响了历史。社会的发展进步使人类在先进技术的支持下开辟出对植物进行利用的新的领域。

食用

药用

观赏

文化价值

其他价值

第三节　植物的器官

根

根，植物的营养器官，通常位于地表以下；不但可以固持植物体，还能储存营养、吸收水分和矿物质等。

种子萌发后首先长出的器官就是胚根，胚根发育成植物的根；植物全部的根被称为根系，根系中有明显主次、粗细之分的，这种类型叫直根系，如胡萝卜、蒲公英；没有明显区别的根系叫须根系，如小麦、水稻。直根系中由胚根直接发育成的、比较粗壮的就是主根，主根侧面长出来的根就是侧根。

植物的根生长在我们无法直接观察到的地下，它们不但多，而且长；地下的根系要比地面上的茎多几倍甚至几十倍。这是植物生长发育过程中肥料和水分供应的保证，根系越发达，枝叶就越繁茂，而且只有发达的根系才能让植物在大自然的狂风暴雨中顽强地生长。

根的最先端是根中生命活动最活跃的部分，也是根的最幼嫩部分，为根尖，生命力和吸收能力都很强。所以有句俗话说："白根有劲，黄根保命，黑根有病，灰根要命"，意思就是新生根和根尖越多，植物就越有生命力；当根逐渐老化后，表面增厚，沉积三价铁形成黄褐色的铁膜，可以防止毒素入侵根内部，但同时也会使根的吸收能力减弱，所以说黄根保命；根变黑就是生病的表现，当根部缺氧，会逐渐变黑，使其吸收能力降低，植物生长受到影响；根系变灰则是中毒的表现，重则致死。

根系对植株生长非常重要，但是也不是所有的植物都有根，有很多植物是没有根的。有些植物比较低级，没有进化出根，如藻类植物；还有些依赖它种植物体内营养物质生活，寄生植物的根退化，如菟丝子。

茎

茎，植物根和叶之间的起输导和支持作用的营养器官，是植物地上部分的中轴、骨干。茎上着生叶、花、果实，规律的分枝不但使它们能够充分利用阳光和环境，科学地生长，也使空间得以合理利用，植物在耗能最小的情况下也能完成生长发育和繁殖后代。

多数植物的茎都是圆柱形的，不但在力学上更坚固，还可以节省物质组成达到最大容量；但也有少数植物的茎是其他形状的，如三棱形的莎草、四棱形的益母草、扁圆形的仙人掌。这些形态上的差异是植物在复杂的地理、气候环境进化过程中形成的。

除了形状，茎的大小也差异很大，有的高大挺立，有的柔弱不能直立；有的植株瘦小，有的茎如树；这些都是物种和环境长期适应的结果。茎干垂直地面直立生长的茎称直立茎；柔软不能直立依靠其他物体向上生长的称缠绕茎；柔软不能直立依靠其他物体以特有的结构攀缘向上生长的称攀缘茎；茎平卧地面向四周蔓延生长，分枝上不长根的称平卧茎；茎平卧地面蔓延生长，一般分枝上能生根的称匍匐茎。

我们常见的植物茎，有的坚硬高大，这些呈木质的植物叫木本植物，它们的茎细胞木质化，能生长几十年到上百年；有的茎柔弱呈草质叫草本植物，它们一般矮小，只能活1～5年；通常人们把草本植物称为草，木本植物称为树。树木的树干就是它的茎，树干最外面的树皮就像皮肤一样包裹着茎，保护着树的身体。树皮除了防寒防暑、防虫御害之外，更是运送养料的主要通道。叶子光合作用制造出养料就是通过它送到植物各个器官中去的。如果树木的树皮被大面积破坏，而新的树皮又没有长出来，树木的其他部分就可能不能及时得到养料输送，特别是距离树叶较远的根部，可能造成根部死亡。

叶

叶，是维管植物营养器官之一，是维持植物生命的主要器官。不但可以吸收阳光，还能吸收养分，排出分泌物，还能给植物降温；更有些植物的叶还能繁殖后代呢。叶对植物来说非常重要，叶的状态直接反映植物的状态，它也是最容易受环境影响的。叶不仅对时空环境有很强的敏感性和可塑性，还能通过自身的调节能力来适应时空环境。比如，同一种植物在靠近水边的叶片长得比较大，而干旱土壤中比较小。尽管如此，同一植物的叶在形态上也是比较稳定的，不同植物的叶形态不同，所以，叶也被用来作为识别植物种类的依据。

一片完整的叶由叶片、叶柄和托叶三部分组成，当然不是所有的叶都是这样，由这三部分组成的叶叫完全叶，而只有一个或两个部分的叫不完全叶。除此之外，还有些更特别的叶片，是由叶片和叶鞘组成的，同时还有叶舌和叶耳。

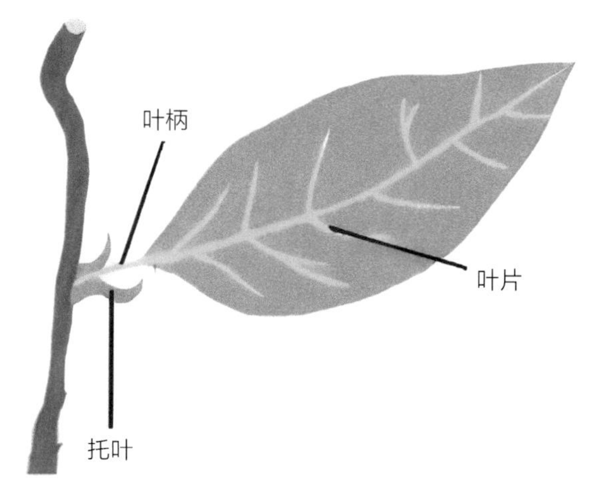

叶片是叶的主体部分，主要呈片状，这样表面积更大，可以接收更多的阳光，而且富含叶绿素，是植物进行光合作用的主要场所；表面密布小孔，是气体交换的主要通道；还有一条条密布的“管道”叫叶脉，用来输送物质。

叶片的外部形态主要从叶片尖端、基部和边缘等几个部分描述。当然不同植物间除了叶形不同，叶的类型也不一样，有些叶的叶柄上只生长一个叶片，这种叶片类型是单叶，有些植物的叶柄上着生多个叶片，称为复叶。虽然植物的叶大都是绿绿的，一片一片的，看着都差不多，可是仔细观察，每一个叶片上都携带着它独特的识别密码。

花

花，是被子植物的繁殖器官，常被叫作花朵；有花才有果实，才能产生种子，这个过程从传粉、受精开始。

由于植物无法随意移动，很多花要靠外力来帮助它进行授粉，所以花朵可不是为了人们的喜爱而开放的，而是为了传粉，获得种子而开放的。所以每一朵花的颜色和形态，都是有着合理的理由的。

利用昆虫授粉的花称为虫媒花，这些花或者颜色鲜艳，或者有可口的味道，比如甜味，这样可以吸引为它传粉的昆虫来帮忙；当然也有些散发臭味来吸引另类的昆虫传粉，比如大王花、巨花魔芋；还有借助鸟类来传粉的花，这种叫鸟媒花，它们一般都比较大且鲜艳，以红黄色较普遍，来吸引鸟类，比如仙人掌；还有些花靠风来传粉，这种叫风媒花，比如杨树，它们不需要吸引昆虫或小动物，所以它们的花都不太引人注意，而且花粉较小、很轻，可以随风飞舞；还有些生长在水中的水生植物会借助水力来传粉，还有些花在下雨的时候花不关闭，借雨水流动传粉，这些就是水媒花，他们的花粉一般具有耐水性，如金鱼藻。

这样看，花是不是也很“聪明”呢，它们也会利用外界因素来达到自己的目的。

花从形态、结构来看，各部分具有叶的一般性质，由花梗（相当于叶柄）、花托（相当于托叶）、花被（花瓣＋萼片，相当于叶片）、花蕊组成。和叶一样，不是所有的花都有这几部分，有些花没有花被叫无被花或者裸花，如杨、柳；有些花在一朵花中同时具有有区别的花萼和花冠叫双被花，比如油菜；只具花萼或只具花冠的花叫单被花，如荞麦。

花中承担生殖功能的部分就是花蕊，分为雄蕊和雌蕊。从形态上看，雄蕊由花丝和花药组成，雌蕊由柱头、花柱和子房组成。虽然雄蕊和雌蕊是植物繁殖，产生种子的主要组成部分，但不是所有花都有雄蕊和雌蕊；同时具有雌蕊和雄蕊的花称为“雌雄同花”或者“完全花”“两性花”，如苹果；而只有雄蕊或只有雌蕊的花则称为“单性花”“不完全花”，只有雄蕊的花叫雄花，只有雌蕊的花叫雌花，如果雌花和雄花在一株上，叫“雌雄同株”，如黄瓜、玉米；如果雌花与雄花分别生长在不同的植株上，则称为“雌雄异株”，如银杏、杨、柳。

花和叶一样，也具有较稳定的形态结构，较高的辨识度，也被用来作为识别植物种类的依据。

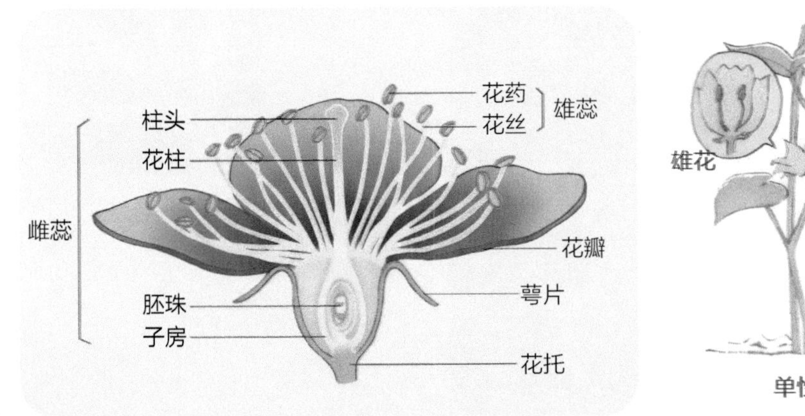

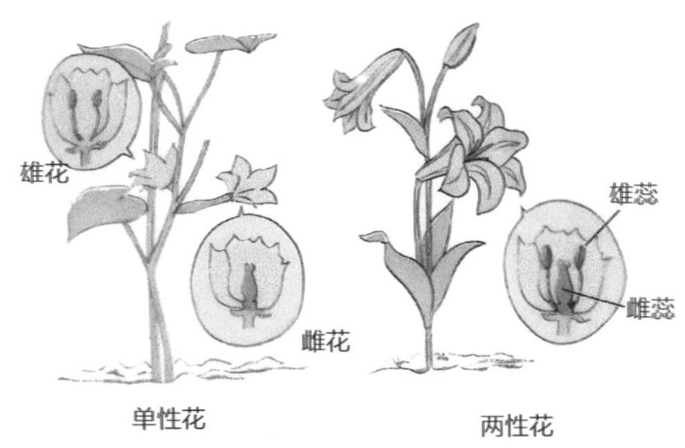

果实

果实，是由花发育而成的繁殖器官，助力种子传播，并保护种子。一般由果皮和种子组成，但并不是所有的果实都有种子，比如香蕉，这是为什么呢？被子植物的雌蕊经过传粉受精后，结的果实有种子，而不经过传粉受精而结的果实没有种子或者种子不育，称为无籽果实，例如无籽西瓜。

我们的生活每天都离不开植物的果实，我们的粮食绝大部分来自植物的果实；我们吃的水果、坚果，厨房里的调料，药房里的中药等，很多都是植物的果实；果实一般由雌蕊的子房发育而成，这样的果实叫作真果，如桃、葡萄、花生；而除了子房还有花的其他部分参与发育形成的果实叫作假果，如苹果、草莓、菠萝等。真果与假果很难区分，所以要区分它们，还需要掌握更多植物学知识。

果实的种类很多，从果实发育来源上分，如果是一朵花中只有一个雌蕊发育成的果实则称为单果，比如苹果、桃；如果是一朵花中多个离生的雌蕊发育而成的果实则称为聚合果，比如草莓、八角；如果是由排列在一个花梗上的很多小花发育而成的复合果实则称为聚花果，比如桑葚、凤梨、波罗蜜。

果实成熟后承担着携带种子散布传播的重任，对植物繁殖很重要，所以果实也是各显神通，进化各自特殊的结构，铸就特殊的本领，有的借助风力，有的借助动物，有的利用自身的力量，发挥各自的强项完成植物种族壮大的使命。

种子

种子，是植物传粉受精后形成的繁殖体，主要功能是繁殖。种子有果实保护的植物为被子植物，没有果实保护的植物就是裸子植物。因此，被子植物在繁殖的过程中能受到更好的保护，适应环境的能力也更强。

种子一般由种皮、胚和胚乳三部分组成，种皮是种子的最外层，像“铠甲”一样保护着种子；胚是种子最核心的部分，有了它种子才能发育成植物；胚乳是种子的“养料库”。尽管种子生存、发芽需要大量的营养，但仍然有很多植物成熟的种子只有种皮和胚两部分，没有胚乳，而在这些无胚乳的种子中，大多是胚很大，营养直接储存在胚当中。

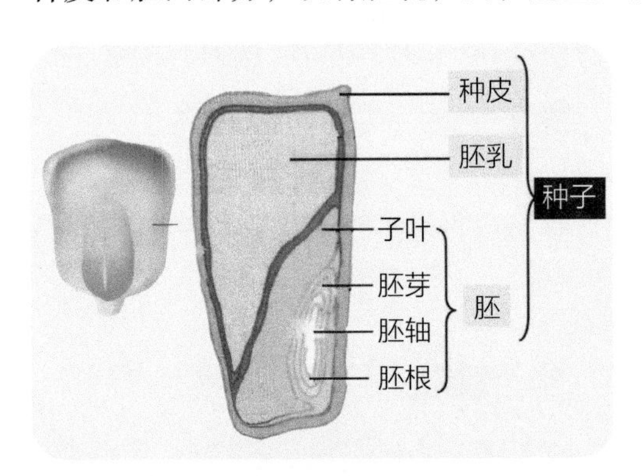

种子的形状、大小、色泽、表面纹理等随植物种类不同而异。种子常呈圆形、椭圆形、肾形、卵形、圆锥形、多角形等。这些差异都各有它们在生物学上的意义。有些植物每株结的果实数量有限，为了让每一颗种子都能成功繁殖，就需要以质取胜，为每一颗种子提供丰富充足的营养，保证种子在找到理想的生根发芽时机前的生命力，比如椰子的种子很大，种子内有充足的液体营养，保证每颗种子的成活率。有些植物的种子极小，它们就是从以多取胜出发，虽然发芽的种子少，但是总数多，繁殖量还是很大。有些种子外皮坚硬包裹种子不但可以保护种仁，还可以防止内部水分散失。有的种子光滑，有的种子有翅、毛、刺等附属物，这些都能使种子得到更好的传播。

第三章 黄河流域典型植物

第一节 草原和荒漠植物

“离离原上草，一岁一枯荣”，草原是以草本植物为主的植被，地上部分多每年枯萎，多为耐寒、耐旱的多年生草本植物，也有旱生小半灌木等。由于草原降水少，土壤薄，是湿润向半干旱过渡的植被类型，不适合乔木生长，草本植物受影响小，根系分布较浅，地下部分发达，根量一般大于地上生物量。由于生长季节短，植物的发育与气候相适应。

内蒙古黄河流域典型草原荒漠植物有蒲公英、小叶锦鸡儿、甘草、桔梗、山丹、红柴胡、百里香、小黄花菜、阿尔泰狗娃花、翠雀、金莲花、曼陀罗、野罂粟、耧斗菜、细叶白头翁、地榆、大车前、苍耳、牻牛儿苗、野鸢尾、石竹、马齿苋、二色补血草、麻叶荨麻、草麻黄、蒺藜、狼毒、柽柳、梭梭、沙拐枣、沙枣等。

蒲公英 *Taraxacum mongolicum* Hand. -Mazz.

俗　　名：婆婆丁

科　　名：菊科 Compositae

属　　名：蒲公英属 *Taraxacum*

形态特征：多年生草本。根圆柱状，黑褐色，粗壮。叶倒卵状披针形、倒披针形或长圆状披针形，先端钝或急尖，边缘有时具波状齿或羽状深裂，裂片通常具齿，平展或倒向。花葶 1 至数个，上部紫红色，密被蛛丝状白色长柔毛；头状花序；舌状花黄色。瘦果倒卵状披针形，暗褐色；冠毛白色。花期 4—9 月，果期 5—10 月。

蒲公英种子是用一种之前被科学家认为在现实世界中根本行不通的方式飞行的。

蒲公英种子上的软毛，是细长的花丝，它们像自行车轮子上的辐条一样从一根中心柄上放射出来，总数 90 ～ 110 根，这是一种“可怕的一致性”，似乎是它们飞行的关键。当风吹过蒲公英种子软毛时，通过辐条运动的空气和在种子周围运动的空气之间的压力差产生了涡流环流。它轻轻地托起蒲公英的种子，使其可以缓慢降落。如果空气中正好有微风吹过，那么蒲公英的种子也会随风飘到更远的地方。

这种神奇的飞行方式，或许将为飞碟的制造提供科学依据。

蒲公英是北方草地最早开花的植物，它拿出根里积蓄的能量，开出明亮的黄色花朵，因为黄色是昆虫最喜欢的颜色，特别是虻。虻是天气尚未完全转暖的早春时节最先开始活动的小虫，为了吸引来虻这种小虫，蒲公英就会绽放黄色的花朵。

但是虻没有蜜蜂那么聪明，它们完全不会识别花朵的种类，只会在不同种类的花朵间飞来飞去。而同一花粉必须运送到同种类的花那里去才可以。

植物很好地解决了这个问题。它们成群生长在一块，这样虻不用飞往远处，在近处的花间飞来飞去就可以了。这样就可以做到让虻只在同种类花朵间传播花粉了。因此，早春的花朵都会一齐绽放，形成一个个花田。

《思佳客・蒲公英》

当代・左河水

冷落荒坡艳若霞，无花名分胜名花。

凡夫脚下庸杂贱，智士盘中色味佳。

飘若舞，絮如纱，秋来志趣向天涯。

献身喜作医人药，意外芳名遍万家。

诗中描写了蒲公英虽受人轻视和冷落，依然绽放出胜于名花的艳丽花朵；仍能心仪四方，有着甘心为治病救人献出身体的可贵品质。

蒲公英全身是宝，富含维生素 A、维生素 C 及钾，也含有铁、钙、维生素 B_2、维生素 B_1、镁、维生素 B_6、叶酸及铜。蒲公英的全株均可入药，但各部分药效不同，科学服用，更健康。

《植物妈妈有办法》

二年级上册 语文教科书 人民教育出版社

孩子如果已经长大，
就得告别妈妈，四海为家。
牛马有脚，鸟有翅膀，
植物旅行又用什么办法？
蒲公英妈妈准备了降落伞，
把它送给自己的娃娃。
只要有风轻轻吹过，
孩子们就乘着风纷纷出发。
苍耳妈妈有个好办法，
她给孩子穿上带刺的铠甲。
只要挂住动物的皮毛，
孩子们就能去田野、山洼。
豌豆妈妈更有办法，
她让豆荚晒在太阳底下，
啪的一声，豆荚炸开，
孩子们就蹦着跳着离开妈妈。
植物妈妈的办法很多很多，
不信你就仔细观察。
那里有许许多多的知识，
只有细心的朋友才能得到它。

小叶锦鸡儿 *Caragana microphylla* Lam.

俗　　名：牛筋条

科　　名：豆科 Leguminosae

属　　名：锦鸡儿属 *Caragana*

形态特征：灌木，高 1 ～ 2（3）米；老枝深灰色或黑绿色，嫩枝被毛，直立或弯曲。羽状复叶；小叶具短刺尖，幼时被短柔毛。花萼管状钟形；花冠黄色。荚果圆筒形具锐尖头。花期 5—6 月，果期 7—8 月。

锦鸡儿开花时，瓣端微尖，旁分两瓣，就像一只飞雀，颜色金黄，所以又叫金雀花。

锦鸡儿花大而多，蝶形，位于花萼的内侧，有 1 枚较大较宽的旗瓣，合并向上平展开；2 枚翼瓣向下斜展开，有利于访花者“着陆”；2 枚龙骨瓣在两翼瓣之间；共 5 枚花瓣组成花冠。

花开口向下，花基径较宽，钟状花萼大而深，能储存大量花蜜；花丝和花柱较长，雌雄同花，雄蕊和雌蕊包裹于两龙骨瓣内，雄蕊多枚，雌蕊一枚，花开后会暴露出雄雌蕊，且均向上翘，能更有效接触到传粉者。

锦鸡儿在开花之前已经开始分泌花蜜，且在末花期，花蜜仍然持续分泌，整个花期花蜜量不断累加。

锦鸡儿还可以在沙漠中生长，它耐得住风蚀、沙埋，也扛得住低温和酷暑，就算是狂风吹过让它的根系裸露，它仍能正常生长；即使被黄沙掩埋，也阻拦不住它分枝生长得更加旺盛。这么一个植物中的“硬汉”，自然被人们视为荒漠、草原的优良灌木饲料。锦鸡儿有着越挫越勇的特点，它的枝叶可供牲畜食用，而且也非常耐啃食。尤其是当牲畜啃食过后，锦鸡儿还能分蘖出较多的新枝，所以有着很高的饲用价值。

《花镜卷三花木类考》

清·陈淏之

金雀花，枝柯似迎春，
叶如槐而有小刺，仲春开黄花，
其形尖，而旁开两瓣，势如飞雀可爱。
乘花放时，取根上有须者，栽阴处即活。
用盐汤焯干，可作茶供。

文中的金雀花，就是锦鸡儿。诗中指出，锦鸡儿有多种用处，可以分根繁殖。

锦鸡儿名字在《百草镜》中解释为：它生长在野山中，遇到雨水时会开花，花朵色泽金黄，随着花开颜色不断加深，快到凋谢的时候会变为褐红色，花瓣两端微尖，两侧各有一个花瓣，形状酷似一只鸟雀，故而得名。

甘草 *Glycyrrhiza uralensis* Fisch.

俗　　名：国老，甜草，甜根子

科　　名：豆科 Leguminosae

属　　名：甘草属 *Glycyrrhiza*

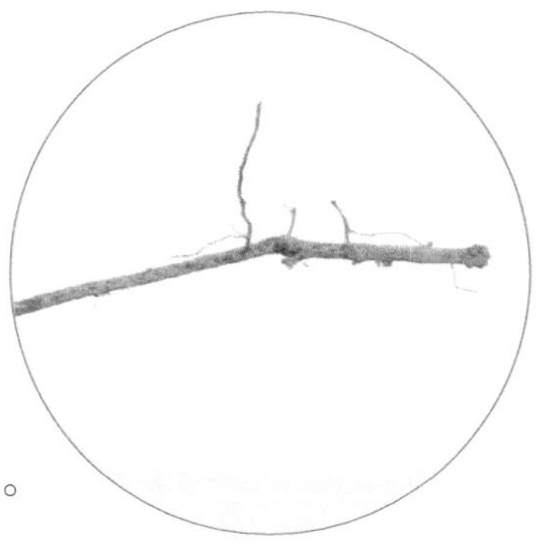

形态特征：多年生草本；根与根状茎粗壮，外皮褐色，里面淡黄色，具甜味。茎直立，多分枝，小叶卵形，上面暗绿色，下面绿色，顶端钝，基部圆，边缘全缘或微呈波状，多少反卷。总状花序腋生，花冠紫色、白色或黄色。荚果弯曲呈镰刀状或呈环状，密集成球。种子暗绿色，圆形或肾形。花期 6—8 月，果期 7—10 月。

荚果是豆科植物特有的果实，成熟时沿腹缝线和背缝线开裂，果皮裂成两片。甘草的荚果弯曲，呈镰刀状或环状，上面长满棕色“刺毛”。深秋，荚果成熟时，果皮由绿色变为棕色，自然裂开，籽粒随风散于各处，天然繁殖。甘草不产在山清水秀、气候宜人的南方，却偏偏分布于干旱的沙漠边缘和黄土丘陵地区，环境恶劣，昼夜温差极大，甘草却能很好地适应和生存下来。它的根可以扎到 1 米多深，可以横着长，滋生根蘖，从根上长出不定芽伸出地面而形成的小植株，发达的根系能起到防风固沙的作用。

甘是甜的意思，你可以想象，甘草一定是带有甜味的草。的确，甘草的别名就叫甜草。

甘草的甜味主要在根，人们在尝用甘草根后，发现它还有调理、治病的许多用途，包括能泻心火、清热解毒、健脾补虚、润肺止咳、调和诸药。

中医们对甘草爱不释手，在许多处方中都加进了甘草这一味，一方面调理诸药的苦涩，另一方面解除部分药材对人体的毒害。于是，有了“十方九草”一说，也就是说，中医每天开出的 10 个药方中，有 9 个药方中就有甘草的掺入。可见，甘草在中医药中有无比重要的地位。

《本草纲目》称：“诸药中甘草为君，治七十二种乳石毒，解一千二百草木毒，调和众药有功。”于是，甘草又有了“国老”之名，即中药材的“国度”中，甘草是老大。甘草不仅是中药方的药味，也是许多西药的重要成分，像甘草片、甘草合剂，都是人们常用以止咳的西药。

此外，它还有许多工业用途，许多的食品、饮料，都少不了甘草这个添加剂，赫赫有名的可口可乐，不管其发明人如何保密，但其主味一尝就是甘草。

大部分我们吃着甜的东西，是因为有很多糖分，但甘草的甜味不是来自糖，这一点很特别。甘草的甜来自甘草酸，名字虽然叫酸，实际上是甜的，而且甜度是蔗糖的 200 ～ 300 倍。大家熟悉的零食甘草杏、甘草糖，其中增甜的物质也是甘草。

《司马君实遗甘草杖》

宋·梅尧臣

美草将为杖，孤生马岭危。

难从荷筱叟，宁入化龙陂。

去与秦人采，来扶楚客衰。

药中称国老，我懒岂能医。

司马光，字君实，这首诗是作者为感谢友人司马光赠送的甘草杖而写的。

司马光将一根硕大的甘草作为礼物送给梅尧臣，希望甘草像拐杖一样，帮助其补益元气，预防衰老，在朝做官难免会心郁气结，甘草泡水冲服既能补益心气，亦能益气复脉，或许正是司马光和梅尧臣这样的君子之交，方能以这朴质之物，来寄予知己绵延不绝的真挚感情。

诗中也指出甘草的药用功效，主要能补益心气，益气复脉。将甘草冠以药中“国老”之称，“国老”原指古代告老退职的卿大夫，后来也指皇帝所倚重的重臣，诗人独选择了甘草作为药中“国老”的象征，因在中医药中甘草的主要作用之一是能调和诸药，能起协助他药发挥药力的效果，称其为“国老”也说明甘草是本草王国中应用最多的药物。

桔梗 *Platycodon grandiflorus* (Jacq.) A. DC.

俗　　名：铃当花，僧帽花，沙油菜，苦梗

科　　名：桔梗科 Campanulaceae

属　　名：桔梗属 *Platycodon*

形态特征：茎高 20 ~ 120 厘米，通常无毛，偶密被短毛，不分枝，极少上部分枝。叶全部轮生，部分轮生至全部互生，无柄或有极短的柄，叶片卵形，卵状椭圆形至披针形，基部宽楔形至圆钝，顶端急尖，上面无毛而绿色，下面常无毛而有白粉。花单朵顶生；花冠大，蓝色或紫色。蒴果球状。花期 7—9 月。

在英语里，桔梗有一个名字叫作“balloon flower”，气球花。这其实是用来形容桔梗的花苞的，非常形象，在花朵绽放之前，它们一个个的确像极了胖胖的小气球。

开花时，气球中间会裂开小缝，然后整个花冠裂片翻转过来，变成像漏斗五角星似的蓝紫色花朵，从侧面看又像可爱的小铃铛。不过你以为这就结束了？其实之后还有有趣的事情发生呢！仔细观察一朵桔梗花上不同花朵的花蕊，就会发现他们是不一样的！其实这是桔梗花为了避免自花授粉采取的一种策略。花朵刚开时，雌蕊和雄蕊还是抱在一起；但是随着时间的推进，雄蕊先成熟，向四面八方散开，露出成熟的花粉；而后雄蕊枯萎，雌蕊成熟，柱头逐渐裂成五瓣儿向下卷曲，开始接受昆虫带来的其他花朵的花粉。其实不仅桔梗，桔梗科的很多属的植物都有这样的特性。

桔梗名字里虽然有个“桔”，其实与柑橘的“橘”并无任何关系，连读音也不同，在这里念作“jié”。《本草纲目》中称它因“根结实而梗直”，所以叫桔梗。并且，桔梗根可入药，可以宣肺、利咽、祛痰、排脓。

舟楫，是行船划水的船桨。古人以此比喻某种药物，在一个方剂中可以引导推动其他药物治疗上焦之病，例如桔梗。正如《本草求真》所说：“桔梗系开提肺气之药，可为诸药舟楫，载之上浮。”

《春雪监中即事二首一》

宋・晁补之

愁云欲雪纷来族，微霰铮鏦先入竹。

舞空蛱蝶殊未下，迸瓦明珠正相逐。

仆夫无事困薪苏，乌鸟不鸣依室屋。

肺病恶寒望劝酬，桔梗作汤良可沃。

诗中说明：得了肺病，十分严重的话，桔梗做汤药就可以治好。

桔梗的根很像人参，内含桔梗皂苷，是祛痰止咳的良药，但也因此使它带有苦味，用水浸泡一段时间便可减弱。

朝鲜族同胞还用其肉质根加工、腌制成咸菜，可口又滋补。

《北窗》

宋·王安石

病与衰期每强扶，鸡壅桔梗亦时须。
空花根蒂难寻摘，梦境烟尘费扫除。
耆域药囊真妄有，轩辕经匮或元无。
北窗枕上春风暖，漫读毗耶数卷书。

这首诗是作者晚年养病时所作，提到桔梗，这种既可果腹，又能治病的药，有益于他的病症，但当时很难寻觅。

作为中药，桔梗辛散苦泻，具有宣肺祛痰、清热排脓的作用。擅长宣肺气，化胸中痰浊，缓解胸腔憋闷的不适感，对于外感咳嗽痰多的情况非常适合，无论寒痰、热痰皆可应用。此外，治疗音哑、咽喉肿痛、肺痈等症也有较好的效果。

《北窗》大意是：晚年我倾向于清心寡欲，而非“春风又绿江南岸”的仕进之选择，每当疾患与衰微之时都勉强支撑着病弱的身体，芡实（鸡壅）与桔梗亦是此时必需，对我的病情有益。桔梗花（空花）和它的根蒂真的很难寻觅、采摘，梦境之中的烦恼又如烟尘般需要费力清除。神医良药是真实抑或虚妄，我都没有遇到，《黄帝内经》与《金匮要略》或许原本没有记载似我这样的病症。我只能安然卧于病榻，吹着暖意拂面的春风，随意诵读着数卷《维摩诘经》，也算能够聊以慰藉。

山丹 *Lilium pumilum* DC.

俗　　名：萨日郎，卷莲花，野百合，山丹丹花

科　　名：百合科 Liliaceae

属　　名：百合属 *Lilium*

形态特征：鳞茎卵形或圆锥形，高 2.5 ～ 4.5 厘米。茎高 15 ～ 60 厘米，有小乳头状突起，有的带紫色条纹。叶散生于茎中部，条形。花单生或数朵排成总状花序，鲜红色，通常无斑点，有时有少数斑点，下垂；花被片反卷。蒴果矩圆形。花期 7—8 月，果期 9—10 月。

山丹为原产于中国的单子叶植物，叶条形，花被片 6，2 轮，雄蕊与花被片同数；花药“丁”字状着生；柱头膨大 3 裂。

山丹的开花数量与其生长的时间有关。通常，第一年只开一朵花，以后每增加一年多开一朵花。通常有几朵花，便可知道这株山丹生长了几年，因此它又被称为“年龄花”。

“*Pumilum*”为矮小的、矮生的意思，表明了山丹相较于同属植物较矮。山丹花大，花瓣色泽艳丽，色素呈橘红色，多用于面食的加工着色。

山丹花就是内蒙古草原人们口中的萨日朗，意思是草原上的山丹花，代表团结。

其花为红色，茎叶细小，茎变得非常短，白色，呈扁圆锥状，由许多半月形的肉质鳞片状的叶子相互覆盖在缩短了的茎上，这种变态的茎称为鳞茎。

山丹的鳞茎有节，有缩短了的节间和叶片，可以为植物贮存养分和水分，还是主要的繁殖器官。并富含蛋白质、脂肪、淀粉、生物碱、钙、磷、铁等成分，可用来煲汤，具有良好的滋补作用。早在唐代，就已成为权贵进贡朝廷的高级贡品。

《山丹花》

宋・王十朋

四月相将莫，山丹开始都。
真心本来赤，正色自然朱。
百合晚仍俗，石榴繁更粗。
谁将仙灶药，花里著工夫。

诗人把山丹花与百合花和石榴花对比，来极力赞扬山丹花的“真”和“正”，以及它如炉火一般的纯正红艳。

山丹全身都是宝，鳞茎、花药、种子都可入药。鳞茎含淀粉，供食用，亦可入药，有滋补强壮、止咳祛痰、利尿等功效。

《山丹花》

金·周 昂

浪蕊谁能记，山丹旧所闻。
卷花翻碧草，低地落红云。
塞雨沾衣久，溪风入把勤。
莫言羌妇丑，谁识汉昭君。

该篇为一首歌咏山丹花的诗，诗歌写山丹花并不是名贵之花，但却自有姿色，为人所喜爱。

首句起得平实，说山丹花张目而又令人浑然不觉。接着写山丹花盛开时的形态，又因花易落，诗人写其有如“落红云”，又“翻碧草”极有动态感。第三联则将山丹花拟人化。赞美山丹，虽看上去弱不禁风，但仍能抵挡恶劣的环境。最后诗人总括，认识汉昭君机会太少，而见羌妇机会极多。昭君固然美，但也不要说羌妇不美。以羌妇喻山丹花，以昭君喻名花，即前面所说浪蕊。意思是不要瞧不起山丹花，不要嫌弃山丹花。山丹花虽然不及名花之列，但在此时此地也自有欣赏者和知音者。

红柴胡 *Bupleurum scorzonerifolium* Willd.

俗　　名：南柴胡，狭叶柴胡

科　　名：伞形科 Apiaceae

属　　名：柴胡属 *Bupleurum*

形态特征：多年生草本，高 30 ～ 60 厘米。主根发达，圆锥形，深红棕色，上端有横环纹。茎基部密覆叶柄残余纤维，细圆，有细纵槽纹，茎上部分枝略呈“之”字形弯曲。叶细线形，质厚，稍硬挺。伞形花序；伞辐花瓣黄色。果广椭圆形，深褐色，棱浅褐色，粗钝凸出。花期 7—8 月，果期 8—9 月。

柴胡的花轴缩短，在总花梗顶端集生许多花梗近等长的小花，放射状排列如伞，为伞形花序。花小，花瓣 5 片，黄色，小总苞片 5 个，雄蕊 5 个，与花瓣互生，花药黄色，子房 2 室，每室有一个倒悬的胚珠，成熟后裂成两个椭圆形分生果，两侧略扁平，果棱线形，两个分果的一端连接在果轴顶端，形成倒悬的果实，称其为双悬果。这是伞形科植物所特有的果实，如胡萝卜等。

柴胡以根入药，按性状不同，将其分别习称“北柴胡”和“南柴胡”。

北柴胡多产于河北、山西、陕西；而南柴胡从东北到西北、从内蒙古到江苏都有分布。

南柴胡喜生于山之阳坡，北柴胡喜生于山之阴坡；北柴胡味淡，表皮棕色，坚硬，不易折断，也称作硬柴胡；南柴胡的香味很浓烈，也很有特点，又名香柴胡，其表皮颜色偏红，又叫红柴胡；又因其质地较软而称作软柴胡。

当然两种柴胡在功效上也存在差异，需区别对待。北柴胡和解退热、疏表之功效显著，南柴胡偏于疏肝解郁、升阳散邪。

柴胡的药用历史悠久，明代医药学家李时珍创作的《本草纲目》中记录柴胡为茈胡。现代医学研究表明，柴胡有解热、抗炎、抗病原微生物、抗惊厥、降血脂、保肝、利胆、抑制胃酸分泌、抗溃疡、抗肿瘤及调节免疫等多种药理作用。

柴胡或狭叶柴胡的干燥根入药称为柴胡，有和解表里，疏肝解郁，升阳举陷，退热截疟的功效。退热的效果特别好，很多退烧药都有柴胡成分，如小柴胡颗粒、柴胡口服液等。

《寄韦有夏郎中》

唐·杜 甫

省郎忧病士，书信有柴胡。

饮子频通汗，怀君想报珠。

亲知天畔少，药味峡中无。

归楫生衣卧，春鸥洗翅呼。

犹闻上急水，早作取平途。

万里皇华使，为僚记腐儒。

诗歌为杜甫寓居夔州时，他的好友韦有夏（时任郎中，为尚书省官员），给他寄来能够主治疟疾等病的常用中药柴胡，杜甫以示感谢所作。

疟疾发作有周期性，或隔一日、或隔二日。症状是发冷发热，寒热往来，头痛口渴，全身无力。杜甫患疟，三年之中仍未痊愈。杜甫长期受疟鬼的折磨，发病时，寒栗鼓颌，腰脊俱痛，寒热往来。就在这时，收到了好友韦有夏寄来的书信和正需要的中药柴胡，中医常用小柴胡汤治疗疟疾，柴胡当然是方中主药。

杜甫所谓“饮子频通汗”，这里的“饮子”即指“汤剂”，古人称汤药为饮子。这是治疟时常用的剂型。汤剂的特点是吸收快，易发挥疗效。杜甫服用柴胡汤剂后，汗出热退，病势转轻，逐渐向愈。满怀感激之情，所以特写此诗以表答谢之意。

百里香 *Thymus mongolicus* Ronn.

俗　　名：地角花，地椒，麝香草

科　　名：唇形科 Lamiaceae

属　　名：百里香属 *Thymus*

形态特征：半灌木。茎多数，匍匐或上升。叶为卵圆形，侧脉在下面微突起，腺点明显；苞叶与叶同形，具缘毛。花序头状。花萼管状钟形，下部被疏柔毛，上部近无毛，上唇齿短。花冠紫色，被疏短柔毛，冠筒伸长，向上稍增大。小坚果，压扁状，光滑。花期 7—8 月。

百里香为唇形科植物，唇形科植物的特征是具有唇形花冠。其花两侧对称。上面由二裂片合生为上唇，下面三裂片多少结合构成下唇。上唇直伸，微凹，下唇开裂，3 裂，裂片近相等，中裂片较长。雄蕊 4 个，分离，前对较长，花药 2 室。花盘平顶。花柱先端 2 裂，裂片钻形，近相等。百里香花多，芳香，而其名并非因为花香，而是叶香，其叶片揉碎后会挥发出浓烈气味。百里香繁殖力强，匍匐茎，近水平伸展；不定芽可以使植株萌发出众多的根系，从而逐渐形成很庞大的根系网，对于水土流失有很好的防治作用。

百里香多作为药物、香料和调味品使用。古埃及人曾经用百里香给尸体做防腐处理，希腊人用来做焚香，罗马人将其加入乳酪和利口酒中调味，地中海人用来帮助呼吸、治疗呼吸困难及顽固的皮肤病。欧洲人将其放在枕头下用来助眠，而中国人更喜欢用百里香冲茶喝。

百里香含有香芹酚、百里香酚，使得百里香气味温和，香气具渗透力，而且它们还具有抗菌、消炎、抗氧化以及其他对人体健康有益的特性。

欧洲厨师界很早就用百里香来做调味品，调味荤菜、熬汤、焖炖等，不但有独特芳香，且不会掩盖其他香草香气，还会与它们自然混合，可以说是一种百搭香草。

百里香是一种天然的抗生素，人们将绷带浸泡在百里香精油里，有利于伤口的愈合。

百里香的名字来源于希腊语“Thumos”（勇气），中世纪的时候，战士们被授予这种植物的枝叶来鼓舞士气。在葬礼上，棺木中也经常放置百里香，作为去往另一个世界的指引。

百里香全草可入药。有解热发汗的功效，在感冒发烧时喝最为合适，另外还可以舒缓因消化不良引起的胃气胀等症状。百里香叶子所含有的芳香成分具有增进食欲、促进消化的功用，对于杀菌、防腐也有效果。

《上京十咏　其九　地椒》

元 · 许有壬

冻雨催花紫，轻风散野香。

刺沙尖叶细，敷地乱条长。

楚客收成裹，奚童撷满筐。

行厨供草具，调鼎尔非良。

元代上都有十种美食，第一种是马奶酒，第二种是秋天的羊，第三种是野生动物黄羊，第四种是野味黄鼠，第五种是种植的荞麦，第六种是胡萝卜，第七种是白菜，第八种是野生菌类蘑菇，第九种是野生调料地椒，第十种是野生植物韭花。

诗中详细描述了地椒（百里香）的生态、形态和用途，从一个侧面反映了百里香在当时已经被人们广泛食用。

小黄花菜 *Hemerocallis minor* Mill.

俗　　名：金针菜，黄花菜根

科　　名：阿福花科 Asphodelaceae

属　　名：萱草属 *Hemerocallis*

形态特征：多年生草本，根一般较细，绳索状，不膨大。花葶与叶近等长；花梗很短，苞片近披针形；花被淡黄色。蒴果椭圆形或矩圆形。花果期 5—9 月。

花被下部合生成花被管；花被裂片 6 片，排成 2 轮，内三片常比外三片宽大；雄蕊 6 枚，着生于花被管上端。

萱草属植物在我国有着较为悠久的药用历史，有较大的药用、食用和观赏价值，其中，黄花菜、小黄花菜和萱草在我国民间长期入药和食用。现代药理学研究表明，该属植物药理活性多样，具镇静、催眠、抗氧化、抗菌、抗肿瘤、抗抑郁等作用。

新鲜黄花菜中含有微量的秋水仙碱，这是一种对于某些特定人群会引起头晕恶心等症状的生物碱类化合物。秋水仙碱本身无毒，但经胃肠道吸收，在肠道内氧化成“二秋水碱”，有较大毒性，所以不适合食用，经 60℃高温处理后会使其减弱或消失。因此在食用黄花菜时一定要经过蒸、晒、焯水等加工处理，这样秋水仙碱就能被破坏掉，食用黄花菜就安全了。

干黄花菜都是经过杀青、脱水等食品工艺处理后的产物，入口前还会经过再次的高温烹制，残余的毒性物质微乎其微，达到几乎不存在的程度。

椿萱并茂

椿：香椿树，楝科落叶乔木。古人说椿，指的就是香椿。

萱：即萱草，萱草属宿根草本，古人认为萱草可使人忘忧，所以萱草又叫忘忧草。

椿萱：喻父母，古称父为“椿庭”，母为“萱堂”，母亲的生日为萱辰；母亲的别称为萱亲，故萱草称母亲花，沿用至今。

椿萱并茂比喻父母都健康，这是一个褒义词。

小黄花菜花蕾可供食用，根入药，具有清热利尿、凉血止血、消炎、清热、利湿、消食、明目、安神等功效，外用治乳痈，对吐血、大便带血、小便不通、失眠、乳汁不下等有疗效，可作为病后或产后的调补品。

《酬梦得比萱草见赠》

唐·白居易

杜康能散闷，萱草解忘忧。借问萱逢杜，何如白见刘。

老衰胜少夭，闲乐笑忙愁。试问同年内，何人得白头。

这首诗就是白居易和刘禹锡二人众多诗词交往的其中一首。刘禹锡写了一首诗《赠乐天》，其中有“唯君比萱草，相见可忘忧”一句，把白居易比作萱草，因此白居易为了表示感谢而和的诗。

刘禹锡把白居易比作萱草，白居易把刘禹锡比作杜康。杜康是传说中“酿酒始祖”，被奉为酒神，酒可以解愁。这首诗通过萱草和杜康两种排解忧愁的事物，来衬托什么也不及二人的相见欢愉之情。

这首唱和诗，创作之时，二人都已经年近古稀，二人既叹时光易逝，又欣慰有老友相陪，感慨之下，诗词唱和，刘禹锡称白居易为萱草，相见可忘忧；白居易称刘禹锡为杜康，共饮可解愁，表达深厚情谊。同时白居易并没有因为自己年老而颓废悲叹，反而是自嘲年轻就是白头，表达了忧国忧民的积极精神，不以物喜，不以己悲，雄心壮志，老当益壮，确实值得后人钦佩。

游子远行前，在北堂前栽种萱草，借此解愁忘忧。黄花菜早在两千多年前的《诗经》中就有了记载，“焉得谖草，言树之背”，古语中的“谖”音同萱，明代学者朱熹在对这句话进行批注的时候就解释了该字即有忘忧的意思，所以黄花菜也叫忘忧草。

阿尔泰狗娃花 *Aster altaicus* Willd.

俗　　名：阿尔泰紫菀，蓝菊花，铁杆蒿

科　　名：菊科 Compositae

属　　名：紫菀属 *Aster*

形态特征：多年生草本，有横走或垂直的根。茎直立，被上曲或有时开展的毛。基部叶在花期枯萎；下部叶条形或矩圆状披针形，全缘或有疏浅齿；上部叶渐狭小，条形；全部叶两面或下面被毛。头状花序，单生枝端或排成伞房状。舌状花有微毛；舌片浅蓝紫色，矩圆状条形；管状花，有疏毛。果扁倒卵状矩圆形，灰绿色。冠毛污白色或红褐色。花果期 5—9 月。

阿尔泰狗娃花开花早，花期很长，能从五月开到十月，是菊科植物中花期最长的植物之一。

当我们对着花儿大喊“阿狗、阿狗”，就会有“阿狗”从花中爬出来。如此“神奇”的现象其实是自然界的平常。阿尔泰狗娃花里常有的一种小虫叫蓟马，它们在产卵期，为了使小蓟马一出来就有吃的，蓟马会爬到阿尔泰狗娃花苞中，把卵产在里面。等花期一到，虫子也成熟了。听到声音的扰动，惊吓之下，就会从花心里钻出来。

阿尔泰狗娃花的名字起得这么“苟”，也是来源于此。

阿尔泰狗娃花是中等饲用植物。家畜仅采食其一部分。在生长早期，山羊及绵羊喜欢吃它的嫩枝叶，绵羊喜欢吃它的花。开花后地上部分骆驼爱采食，牛和马不喜欢采食。干枯后羊喜欢采食，其他家畜也采食。化学成分中粗蛋白质、粗脂肪及无氮浸出物的含量高，但由于植株不适口，且还有不良气味，通常在青、鲜时家畜不喜食，而在干枯之后则喜欢采食。

阿尔泰狗娃花的拉丁名中，“*Aster*”的意思是“星星”，“*altaicus*”的意思是“阿尔泰山脉的”，拥有“阿尔泰山脉的星星”这样充满诗意和异域风情的名字，你还觉得阿尔泰狗娃花土吗?

阿尔泰狗娃花的根、花或全草可入药，称阿尔泰紫菀，可清热降火、排脓止咳。

翠雀 *Delphinium grandiflorum* L.

俗　　名：鸽子花，大花飞燕草

科　　名：毛茛科 Ranunculaceae

属　　名：翠雀属 *Delphinium*

形态特征：茎高 35 ～ 65 厘米，与叶柄均被反曲而贴伏的短柔毛，上部有时变无毛，等距地生叶，分枝。基生叶和茎下部叶有长柄；叶片圆五角形，三全裂；花瓣蓝色，无毛，顶端圆形。蓇葖果；种子倒卵状四面体形，沿棱有翅。5—10 月开花。

翠雀的花非常特别，像一只翘着尾巴的雀鸟，其实它的花结构很复杂。外侧醒目的 5 枚“大花瓣”被片实际上是萼片；那翘起的尾巴，是上萼片延长成的管状结构——距，距里面有腺体结构，腺体分泌的蜜就贮存在距里，昆虫为了吸食花蜜，必须帮助花朵传粉。距的形状、颜色和长度不同，可以起到机械隔离的作用，为植物和昆虫之间建立特定的选择机制。

翠雀距钻形，萼片内部、花朵中央的 4 枚“小花瓣”，下面 2 枚带有黄斑和须毛的是瓣化的退化雄蕊，失去了制造花粉的功能，但可以保护其他雄蕊和雌蕊。上面 2 个是真正的花瓣，在上萼片和退化的雄蕊之间，很小，花瓣也有距，伸到萼的距中。

研究表明：翠雀属的花特征对熊蜂传粉表现出高度的适应性。

翠雀属植物花冠的两个侧萼片间距与雌性熊蜂个体大小拟合得非常好。

两个侧萼片与退化雄蕊形成的花部结构很好地规划了熊蜂花朵的行进方向和路线，只有这条通道可以获得花蜜。还为熊蜂提供了位于侧萼片间的退化雄蕊组成的“停机坪”。

翠雀属植物含有与乌头碱构造近似的生物碱，翠雀碱，翠雀全草有毒，人中毒后会呼吸困难，发生血液循环障碍，肌肉、神经麻痹。

翠雀以根、全草、种子入药。

根：有毒，可泻火止痛，杀虫，含漱用于风热牙痛。

全草：外用于疥癣，灭虱。

种子：用于哮喘。

金莲花 *Trollius chinensis* Bunge

俗　　名：旱地莲，陆地莲，旱荷

科　　名：毛茛科 Ranunculaceae

属　　名：金莲花属 *Trollius*

形态特征：多年生草本，无毛。茎高 30 ～ 70 厘米，不分枝。基生叶 1 ～ 4 片，具长柄；叶片五角形，3 全裂。茎生叶似基生叶，下部的具长柄，上部的较小。花单独顶生或 2 ～ 3 朵组成聚伞花序；萼片 8 ～ 15（～ 19）片，黄色，干时不变绿色，花瓣与萼片近等长。蓇葖果，种子近倒卵球形，黑色，光滑。6—7 月开花，8—9 月结果。

金莲花的花朵很特别。我们知道，毛茛科的很多植物都没有花瓣，仅有花萼。而金莲花则是保留了花瓣的一类。

从侧面看，那些向上的、细长的，像是跃动的炉火似的，便是它的花瓣了。金莲花的花瓣起源于雄蕊（花瓣与雄蕊之间具有同源异形现象），产生蜜腺的叶状器官定义为蜜腺叶，即花瓣。雄蕊多数，螺旋状排列，雄蕊原基具有与花瓣一样的形态和大小，稍短的自然是花蕊。细长花瓣的基部具有蜜槽，用于吸引昆虫。

我们平时所看到的那些外侧包裹着的、宽大的、漂亮的“花瓣”实际上是它的萼片。

金莲花叶片呈掌状，五角形，而且边缘有锐齿，与芹菜叶相似。植株很高，花茎细长。

内蒙古著名的“金莲花草原”金莲川以金莲花而得名。金莲川地处正蓝旗闪电河沿岸，原名曷里浒东川，曾经是辽、金、元三代帝王的避暑胜地。

“金莲川”得名于金世宗（完颜雍），当年他策马来到这里时，满川耀眼的金莲花正在盛开，他以“莲者连也”，取金枝玉叶相连之意，遂更名为金莲川。金莲川之名，实因这里每年夏季盛开的金黄色的金莲花，午前为花蕾，午后为花瓣，花大色黄，远望如同金色的海洋。

忽必烈于 1251 年曾在此建金莲川幕府，后称开府金莲川，是元代皇家的避暑胜地。炎热的夏天，这里气候凉爽宜人。

《台山杂咏　其四》

金・元好问

沉沉龙穴贮云烟，

百草千花雨露偏。

佛土休将人境比，

谁家随步得金莲？

诗人赞叹的是五台山的金莲花，似乎在这佛国圣境，植物也侵染了佛性，是其他地方所不能比的。

金莲花被称为“塞外龙井”，民间还有“宁品三朵花，不饮二两茶”的说法。冲泡后不仅茶水清澈明亮，还有淡淡的香味。金莲花具有清热解毒、养肝明目和提神的功效。

曼陀罗 *Datura stramonium* L.

俗　　名：醉心花，狗核桃，山茄子

科　　名：茄科 Solanaceae

属　　名：曼陀罗属 *Datura*

形态特征：草本或半灌木状，高 0.5 ～ 1.5 米，全体近于平滑或在幼嫩部分被短柔毛。茎粗壮，圆柱状，淡绿色或带紫色，下部木质化。叶广卵形，顶端渐尖，基部不对称楔形，边缘有不规则波状浅裂，裂片顶端急尖。花单生于枝杈间或叶腋，直立，有短梗；花冠漏斗状，下半部带绿色，上部白色或淡紫色。蒴果直立生，卵状，表面生有坚硬针刺或有时无刺而近平滑，成熟后淡黄色，规则 4 瓣裂。种子卵圆形，稍扁，黑色。花期 6—10 月，果期 7—11 月。

同名字一样，曼陀罗的花、果也与众不同。花大，5 枚萼片合生成筒，中间伸出 5 个裂片合生成的漏斗状花冠，每个裂片的中肋延伸到边缘形成一个向外反卷的小尖，神秘又魅惑，看上去像狂躁不安、即将飞速旋转的五角星，在英文中又名撒旦的喇叭；而曼陀罗结果之后，外壳遍布锋利的小刺，像个绿刺猬，面目狰狞，英文名又叫作刺苹果。作为茄科植物，曼陀罗叶片与茄叶相似，所以古籍中曼陀罗又名风茄儿、山茄子、颠茄等。别看曼陀罗如此美丽素雅，其实它还是一种致幻植物，全株有毒，花朵以及种子毒性最强，含具有致幻作用的生物碱。《本草纲目》记载："相传此花，笑采，酿酒饮，令人笑；舞采，酿酒饮，令人舞"。

曼陀罗有着长长的喇叭花，单朵大喇叭花寿命很短，两三天就谢了，但花蕾抽生很快，只要天气好，新花是开了一茬又一茬。

曼陀罗全株皆毒，植株含有莨菪碱和东莨菪碱等对人体中枢神经和交感神经有害的毒素，食后会引起咽喉发干，吞咽困难、抽搐、昏迷等症状，严重时会造成呼吸衰竭死亡，切记慎用。但其叶、花、籽均可入药，曼陀罗花不仅可用于麻醉，还能去风湿，止喘定痛，可治惊痫和寒哮，叶和籽可用于镇咳镇痛。

《曼陀罗》

宋·陈与义

我圃殊不俗，翠蕤敷玉房。
秋风不敢吹，谓是天上香。
烟迷金钱梦，露醉木蕖妆。
同时不同调，晓月照低昂。

诗人描述了家中花园的曼陀罗清晨开花的现象，借赞誉曼陀罗来表述自己的高洁心迹。

曼陀罗是梵语的音译名，曼陀罗广布于世界各地，曼陀罗麻醉药的发明和应用，在我国至少已有两千年的历史。

野罂粟 *Papaver nudicaule* L.

俗　　名：山大烟，山米壳，岩罂粟

科　　名：罂粟科 Papaveraceae

属　　名：罂粟属 *Papaver*

形态特征：多年生草本，高 20 ～ 60 厘米。主根圆柱形，向下渐狭，或为纺锤状；根茎短。茎极缩短。叶全部基生，叶片轮廓卵形至披针形，羽状浅裂。花单生于花葶先端；花瓣 4，淡黄色、黄色或橙黄色，稀红色。蒴果狭倒卵形。种子多数，近肾形，小，褐色，表面具条纹和蜂窝小孔穴。花果期 5—9 月。

野罂粟的子房在花后开始膨大，果实内结出无数细小的种子。果实形状就像是古时的容器——罂，一种大肚小口带尖盖的罐装陶器，常用来装米粒，“粟”即小米，野罂粟以及罂粟就是这样得名的，同时也指明了它籽粒细小。

虽然野罂粟与罂粟的大体外形和中文名称相似，但两者的形态特征及所含化学成分都不同，野罂粟无法用于提炼毒品。

野罂粟和罂粟差别很大，野罂粟为基生叶，两面有茸毛；罂粟为互生叶，两面有糙毛；野罂粟花单独顶生，橘黄色；罂粟花紫红色基部有深紫色斑；野罂粟果实倒卵形有硬茸毛，顶空开裂；罂粟果实球形无毛。

野罂粟耐寒，怕暑热，喜阳光充足的环境，春夏温度高地区花期缩短；昼夜温差大，夜间低温有利于生长开花。

野罂粟未开放时，近球形的花蕾常是下垂的，这时整个植株像一只绿色的天鹅。花朵初开时，还耷拉着头，似羞涩地合着，像少女含笑；黄花非常可爱。花将落时却仰着头，露出已经开始膨大的子房，风一吹黄色的花瓣就被吹散了。

野罂粟恣意明艳地开放在漫山遍野，尽管色彩绚烂，但却给人静美之感，吸引了很多画家的关注。凡・高、莫奈的画作都有它的身影，莫奈除了睡莲，尤其喜欢野罂粟，他的一生画了许多的罂粟花。

野罂粟含罂粟碱，虽不成瘾，但却有毒。可入药。果实、果壳或带花的全草具有镇痛、敛肺、固涩的功效。

《野罂粟》

［法国］克劳德·莫奈

《野罂粟》作于1873年，当时莫奈的生活相对稳定。画中的人物是画家的妻子卡米耶和他们六岁的儿子让。在风景中，前景中的母子和背景中的母子只是绘制构成绘画的对角线的借口。建立两个单独的颜色区域，一个以红色为主，另一个以蓝绿色为主。这位年轻的女子持遮阳伞，孩子在前台，母子俩在田野里采集鲜花，尽情享受着阳光，完全陶醉在大自然中。

《野罂粟》中的人物给人以轻柔的、富有节奏的动感，然而画中那一片片鲜红的斑块才是这幅作品的要旨，是画家对映入眼帘的光和色所作的如实描绘。

耧斗菜 *Aquilegia viridiflora* Pall.

科　　名：毛茛科 Ranunculaceae

属　　名：耧斗菜属 *Aquilegia*

形态特征：茎高 15 ～ 50 厘米，常在上部分枝，除被柔毛外还密被腺毛。基生叶少数，复叶；表面绿色，无毛，背面淡绿色至粉绿色，被短柔毛或近无毛。茎生叶数枚，向上渐变小。花 3 ～ 7 朵，苞片三全裂；萼片黄绿色，疏被柔毛；花瓣瓣片与萼片同色，直立，伸出花外。蓇葖果；种子黑色，狭倒卵形，长约 2 毫米，具微突起的纵棱。5—7 月开花，7—8 月结果。

耧斗菜的花很具观赏性，具有两层迥异的"花瓣"，外层有 5 个伪萼片，内层有 5 个伪花瓣，并且萼片并非绿色，而是与花瓣都有鲜艳的颜色。花瓣与萼片错开排列，每个花瓣的基部都有一个"距"（就是向外突起形成的一个长管状结构），透过两枚萼片的中间向后伸出来，要占花瓣长度的一半以上。5 枚花瓣共同围绕成一个碗状结构，或者说"楼斗"形的结构，里面有数十枚雄蕊和 5 枚雌蕊。

为什么花瓣要形成"距"这个结构呢？这与传粉有关，在距的最末端生有蜜腺，分泌花蜜，昆虫来访问花朵时，必须爬到花里面，用长喙伸入距的最末端，使足了劲儿才能舔食到花蜜，而这时昆虫的整个身体都会与雌雄蕊密切接触，从而沾上雄蕊的花粉，或者把其他花朵的花粉带给这里的雌蕊。耧斗菜就通过这种"高难度采蜜结构"，巧妙地让昆虫为自己进行传粉工作。

耧斗菜的叶子比较特别，是多回三出复叶，即主叶柄分成 3 个分枝，每枝又再分成 3 个分枝，最末端的小叶前端是三裂的，有几个圆形的齿。

耧斗菜的果实是生在一起的 5 个蓇葖果，果先端的突破花柱形成一个长长的尖，与花期不同的是，果实不像花那样俯垂，而是变为直立。果实熟后会开裂，散出黑色有光泽的种子。

"耧"是古代西汉赵过发明，最早的播种机，耧斗菜因为花萼花瓣相互交错构成的花冠，看上去像耧的盛种子的斗而得名。

整个耧斗菜属的花距都是非常具有地域特色的，为适应不同地区的传粉生物而分别进化出不同形状、颜色、角度的花距。

有研究认为，直距耧斗菜等中距类的适合熊蜂传粉，无距耧斗菜则吸引了食蚜蝇。

细叶白头翁 *Pulsatilla turczaninovii* Kryl. et Serg.

俗　　名：毛姑朵花

科　　名：毛茛科 Ranunculaceae

属　　名：白头翁属 *Pulsatilla*

形态特征：植株高 15 ～ 25 厘米。基生叶有长柄，为三回羽状复叶，在开花时开始发育；叶片狭椭圆形，羽下部的有柄，上部的无柄；叶柄有柔毛。花葶有柔毛；总苞钟形；花梗长约 1.5 厘米，结果时长达 15 厘米；花直立，萼片蓝紫色，卵状长圆形，背面有长柔毛。聚合果；瘦果纺锤形，密被长柔毛，宿存花柱，有向上斜展的长柔毛。5 月开花。

细叶白头翁的花有几分像缩小版的郁金香，有趣的是，这美丽的花却没有真正的花瓣，那蓝紫色的“花瓣”是膨大的萼片“假装”而成的。花的下方有一些细密分裂的苞片，看起来如同叶子，其实真正的叶子还要往下寻找——在花葶最底部，有长柄，开花时挨着地面生长，经历 3 次羽状分裂后成形。

细叶白头翁的萼片、苞片、叶子的背面和叶柄以及花葶，可以说全身上下都裹着一层细密柔软的毛，看上去毛茸茸的。花期时，紫色的萼片和黄色的花药彼此映衬，十分醒目。花葶在花未开放时常常是弯曲的，花盛开后则直直挺立。

细叶白头翁 5 月开花，花形美观，引人驻足。花期后的观察更是饶有趣味：萼片掉落后，处在果期的它渐渐“易容”，宿存的花柱长出长长的茸毛，犹如沧桑老者白了头，因而有“白头翁”之名。

细叶白头翁的果实为聚合果，由许多瘦果聚集而成。果实干燥，果皮坚硬、不开裂，内有1粒种子。每一根白色“长发”都内有玄机，对应着各自的一个小果子，瘦果外甚至也布满了长柔毛。这个随风飞舞的白色“毛团”，比蒲公英的“毛团”更大，毛更长。阳光下，它姿容潇洒，能够携带种子随风飘向远方。可如果你在下雨的时候去看它，就会发现那满头“白发”已经狼狈地粘在一起，完全飘逸不起来了。

《见野草中有曰白头翁者》

唐·李　白

醉入田家去，行歌荒野中。

如何青草里，亦有白头翁。

折取对明镜，宛将衰鬓同。

微芳似相诮，留恨向东风。

本诗由花名生情，从白头翁花联想到诗人自己，发出了人生短促，功业难成的嗟叹。

白头翁属的大部分物种为早春类短生植物，春尚早便开放，花将姿色香气留于残雪之中便飘零而去，未到盛夏连地上部分植株也消殒了，可谓红颜易逝，不禁使人感慨万分。我们应当感谢自然给世界带来这些不可思议的“红颜”，使万物沉寂的北国早春有了最美的一道亮色。

地榆 *Sanguisorba officinalis* L.

俗　　名：黄爪香，玉札，山枣子

科　　名：蔷薇科 Rosaceae

属　　名：地榆属 *Sanguisorba*

形态特征：多年生草本，高 30 ～ 120 厘米。根粗壮，多呈纺锤形，表面棕褐色或紫褐色，有纵皱及横裂纹。茎直立，有棱。基生叶为羽状复叶；小叶卵形，顶端圆钝稀急尖，基部心形，边缘锯齿，两面绿色；茎生叶较少，长圆形，基部微心形至圆形，顶端急尖；基生叶托叶膜质，褐色，茎生叶草质，半卵形，外侧边缘有尖锐锯齿。穗状花序椭圆形，直立，从花序顶端向下开放；果实，外面有斗棱。花果期 7—10 月。

远远地，似乎有一把草绿色的签子插在野地里，顶上穿着一个个鲜艳饱满的“红枣”，在风中微微晃动。走近会发现，原来是一个个紫红色的穗状花序，长卵形的叶片边缘呈锯齿状，状如锯片。这就是地榆，也被称作“山枣子”。

它的叶片还有一种奇特的功能——会“吐”水，这是因为叶缘分布着较大的气孔排水结构，清晨，叶片的排水器在水分过多时会排出体内的水分，“吐水孔”中冒出来的水聚集在“锯齿”前端，滴滴滚落形成一圈晶莹美丽的“珠链”，像露水一样。当空气的蒸发量较低，而土壤湿度较高时，很多植物都会“吐”水，尤其以热带雨林植物更为普遍。

地榆的根十分粗壮，未开花时，整个植株略微铺地生长，又因为叶片很像榆树叶，所以叫作地榆。

地榆是蔷薇科植物，实在有点出乎意料。地榆花是四基数的，这在蔷薇科中着实不常见。

凑近观察，一朵朵 4 花被、4 雄蕊的小花，共同组成了一枚椭圆柱形的花序。再配上一根长长的柄，使地榆花枝看起来跟个逗猫棒似的。

这种似“桑葚”花序就是穗状花序，许多花按照一定规律排在总花轴上，花序轴的主轴在开花期间可继续生长，不断产生新的苞片和花芽，开花的顺序是花序轴基部的花先开，顶部花后开。

《本草纲目》中记载：“其叶似榆而长，初生布地，故名。其花子紫黑色如豉，故又名玉豉。”

地榆花枝也是极好的插花材料，它的花是天然的“干花”，或紫红或粉白。由于地榆花一直都是干干的状态，所以能长久保持颜色和形态，不会像其他一些鲜花只能开放几天。

地榆的药用部位还是根。地榆根为止血药，还可以治疗烧伤、烫伤。

民间流传“家有地榆皮，不怕烧脱皮，家有地榆炭，不怕皮烧烂”。可见地榆治疗烧伤有着独特的疗效。

大车前 *Plantago major* L.

俗　　名：车轮草，车轱辘菜

科　　名：车前科 Plantaginaceae

属　　名：车前属 *Plantago*

形态特征：二年生或多年生草本。须根多数。根茎粗短。叶基生呈莲座状，平卧、斜展或直立；叶片草质或纸质。花序 1 至数个；花序梗直立或弓曲上升；穗状花序细圆柱状，基部常间断。花无梗。花冠白色，无毛。蒴果于中部或稍低处周裂。种具角，黄褐色；花期 6—8 月，果期 7—9 月。

车前的外观很有特色，很好辨认。车前的叶片平展，叶形似勺子一般，叶脉是平行凸出的，叶子围成一圈像个莲座，中心部位窜出几枝花葶。花序轴较长，排列着许多无柄两性花，开花时从下部向上部开放，花序轴的主轴在开花期间可继续生长，不断产生新的苞片和花芽。

它耐寒、耐旱、耐涝，特别是抗压能力非常强，即使车轱辘从它身上轧过去，它照样还能生长，所以又被称为“车轱辘菜”。广布于温带和热带地区，向北可达北极圈附近。

车前草的相邻两片叶子之间的弧度大小非常接近，都为 137.5°。这样，植物上面和下面的叶子就可以最大限度地避免重叠，每片叶子就能占有最大的空间，获得最多的阳光照射，这最有利于植物的生长。

植物之所以会按照“黄金角”——137.5° 排列它们的叶子或果实，是地球磁力场对植物长期影响而造成的。

植物的这一灵性也被应用到建筑上，建筑设计师们参照车前草叶片 137.5° 排列的模式，设计出新颖的“黄金角”大楼，以求每个房间都有最佳采光、最佳通风的良好效果。

牛溲马勃

溲的意思是小便，牛溲是车前草，马勃是一种可以食用、也可入药的真菌。古代人认为这两种草虽然都不起眼，但如果懂得利用它们性能，它们就有大用处。所以牛溲马勃这个成语，比喻一般人认为无用的东西，在懂得其性能的人手里可成为有用的物品。

车前的种子入药，称为车前子，有清热、利尿通淋、明目、祛痰的功效。车前的全草入药叫车前草，功效与车前子类似，只是药力稍弱一些。

《诗经·芣苢》

采采芣苢，薄言采之。采采芣苢，薄言有之。
采采芣苢，薄言掇之。采采芣苢，薄言捋之。
采采芣苢，薄言袺之。采采芣苢，薄言襭之。

《诗经》中的民间歌谣，有很多用重章叠句的形式，看起来很单调的重叠，却又有它特殊的效果。产生了简单明快、往复回环的音乐感。表现了越采越多直到满载而归的过程。这种至为简单的文辞复沓的歌谣，确是合适于许多人在一起唱；一个人单独地唱，会觉得味道不对。

《芣苢》是一曲劳动的欢歌，是当时人们采芣苢（fúyǐ）（又作“芣苡”，野生植物名，可食。毛传认为是车前草。一说为薏苡）时所唱的歌谣。本诗分为三章，首章宽泛地讲述采集之事，二章三章讲述采摘。全诗三章，每章四句，共十二句，全是重章叠句，仅仅只变换六个动词——采、有、掇、捋、袺、襭，其余一概不变，反复地表达劳动的过程，劳动成果的由少至多也就表达出来，充满了劳动的欢欣，洋溢着劳动的热情。歌颂了广大人民热爱劳动的美德，表达了他们对美好、自由、幸福生活的向往。

苍耳 *Xanthium strumarium* L.

俗　　名：菜耳，老苍子，猪耳，野紫爪，野茄

科　　名：菊科 Compositae

属　　名：苍耳属 *Xanthium*

形态特征：一年生草本，高 20 ～ 90 厘米。茎直立，上部分枝或不分枝，有短柔毛或刺毛。叶互生，卵状三角形，先端尖，基部近心形，边缘有不规则的浅裂与锯齿，两面均被粗糙毛；头状花序顶生或腋生；花单性，雌雄同株，上部为雄性，下部为雌性；雄性花序球形；雌性花序总苞卵圆形或椭圆形，外面密被细毛，有钩刺。瘦果椭圆形；无冠毛。花期 8—9 月，果期 9—10 月。

苍耳的花看上去不像花，更像一颗颗凑在一起的“茸茸的小半球”，上面布满了异常细小的白色小花瓣。它们长在茎的顶端或者茎与叶柄的夹角处，这些小绿球就是它的头状花序。

在上方凸出的圆形是几十朵雄花聚在一起的雄性头花，每朵都有乳白色的雄蕊；两朵雌性头花长在它的下方。除了突出的花柱，雌花的大部分被带有白色毛刺的坚硬苞片覆盖着，仔细看，还能看到毛刺上的小钩。与其果实（苍耳子）鲜明的特征相比，其花很容易让人们忽略。

苍耳的花不像菊科植物的花，没有色彩鲜艳的花瓣，也没有诱人的花香，虽然雌雄花同株，却难吸引昆虫授粉，只能通过风来完成传粉。传粉成功后，雌花发育成果皮坚硬、布满钩状毛刺的果实。只要轻轻触碰，就会立刻“粘”到人的衣服和动物的皮毛上。

苍耳在花开结束后开始结果，果实开始是绿色的，随着时间推移而变成黄褐色，而且果实会随着时间的迁移变硬。苍耳的果实为瘦果，包藏在有刺的总苞内。布满棘刺的是外壳，是苍耳的总苞，非果实，其果实是完全被包裹在里面的，也是两颗，剥出来像嗑好的瓜子一样。

苍耳子的刺，不仔细看会误认为是直的，其实每一根刺其尖头的地方是“倒钩刺”，所以头发、衣物、动物的皮毛等苍耳子都是很容易“粘”上去的。这种倒钩刺是苍耳传播种子的秘密武器。

《海州道中二首　其二》

宋·张　耒

秋野苍苍秋日黄，黄蒿满田苍耳长。
草虫咿咿鸣复咽，一秋雨多水满辙。
渡头鸣春村径斜，悠悠小蝶飞豆花。
逃屋无人草满家，累累秋蔓悬寒瓜。

诗中描写了农村的画面，由于田荒，多草虫鸣叫，助长了荒草的滋生。苍耳为田间杂草，影响农作物生长。

苍耳干燥成熟带总苞的果实入药称苍耳子，具有散风、除湿、通窍等功效。种子可榨油。

《驱竖子摘苍耳》

唐·杜　甫

江上秋已分，林中瘴犹剧。
畦丁告劳苦，无以供日夕。
蓬莠独不焦，野蔬暗泉石。
卷耳况疗风，童儿且时摘。

侵星驱之去，烂熳任远适。
放筐亭午际，洗剥相蒙幂。
登床半生熟，下著还小益。
加点瓜薤间，依稀橘奴迹。

乱世诛求急，黎民糠籺窄。
饱食复何心，荒哉膏粱客。
富家厨肉臭，战地骸骨白。
寄语恶少年，黄金且休掷。

苍耳，古称卷耳，原产印度及西域地区，在很早以前随羊毛交易传入中国，所以也有“羊带来”的俗称。

此诗描写了童仆摘苍耳的事。全诗分三段。开头八句为第一段，叙述摘苍耳的缘故；中间八句为第二段，叙摘苍耳及食苍耳之法；最后八句为第三段，由自身说到人民和整个社会，是作诗的本旨。

牻牛儿苗 *Erodium stephanianum* Willd.

俗　　名：太阳花，老鸦嘴，斗牛儿

科　　名：牻牛儿苗科 Geraniaceae

属　　名：牻牛儿苗属 *Erodium*

形态特征：多年生草本，高通常 15 ～ 50 厘米，根为直根，较粗壮，少分枝。茎多数，仰卧或蔓生，具节，被柔毛。叶对生；基生叶和茎下部叶具长柄，叶片轮廓卵形或三角状卵形，基部心形，二回羽状深裂。伞形花序腋生，花瓣紫红色，倒卵形，等于或稍长于萼片，先端圆形或微凹。蒴果长约 4 厘米。种子褐色，具斑点。花期 6—8 月，果期 8—9 月。

牻牛儿苗的果实为蒴果，顶端具有长约 4 厘米的长喙，每果具 5 室，每室有 1 粒长 2 ～ 2.5 毫米褐色的种子。果实成熟时，蒴果就沿室间开裂，五果瓣与中轴相分离，并由基部向顶端卷曲，在顶端与心皮柱相连。

它具有一种能将自己埋藏起来的“钻头”状果实。使种子免于被动物掠食、干旱和火灾的伤害，并易于发芽，增加后代的成活率。种子的这种结构是对干旱环境的一种适应。

8—9 月，牻牛儿苗的果实就成熟了，变成了黄色或黑褐色，室间开裂，沿长喙状花柱基部向上反卷，形成 5 个分果。每个分果顶端都具有一根长 3 ～ 4 厘米、被毛的扁平长芒，这就是牻牛儿苗分果吸湿运动的武器。

当分果掉落地面后，长芒下部会随着空气变干而不断螺旋状卷曲，而上部则不会。在芒上部的支撑下，分果的尖端斜插入土壤缝隙，而芒下部则随着空气或地面的干湿变化而反复螺旋和解螺旋，不断产生一个向下的机械力，将分果推入土壤中埋藏起来。

为了成功钻土，牻牛儿苗的分果进化成了圆锥形；基部锐化成针状，轻易就能扎进土中，甚至人的皮肤里；表面密被短糙毛，方向全部向上，可防止钻入土壤的分果再倒退出来。

牻牛儿苗的属名“*Erodium*”为希腊语，翻译过来就是鹭的意思。这其实和牻牛儿苗的果实有关系，仔细观察就会发现这果实有一个由中轴向外延伸的非常引人注目的长喙，远远望去确实和鹭鸟的嘴巴非常相似。

牻（máng），毛色黑白杂色的牛。因果实“尖锐如牛角的形状，小儿持之如牛之相抵触者以为游戏”，所以在民间它也有“斗牛儿苗”的称号，而在中国北方雄牛的俗称就是“牻牛”。

野鸢尾 *Iris dichotoma* Pall.

俗　　名：蓝蝴蝶，扁竹，蝴蝶花，九把刀，老鹰尾，毛三七，土黄姜

科　　名：鸢尾科 Iridaceae

属　　名：鸢尾属 *Iris*

形态特征：多年生宿根草本。根茎匍匐多节，节间短。叶剑形，锐尖，淡绿色，基部抑茎，成二行排列，形如扇状。花茎与叶同高，单一或 2 分枝，每枝有花 2 ～ 3 朵，苞片倒卵状椭圆形；花蓝色；花被 6 片，筒部纤弱，外被片倒卵形，上面中央有一行鸡冠状白色带紫纹突起，内被片倒卵形，常成拱形；雄蕊 3 枚，生于外轮花被片的基部，花药条形，花柱分 3 枝，裂片吐花瓣状。蒴果长椭圆形，有 6 棱，内含多数种子，种子圆形，黑色。花期 4—5 月，果期 7—9 月。

鸢尾属植物拥有 6 枚花瓣，下部合生在一起，花瓣分为两轮，外轮的 3 枚花瓣较大，会奇妙地反折起来，这样的外轮花瓣被称为“垂瓣”，向内的一侧会有鸡冠状的突起。内轮花瓣较小，直立或者平展，像一个小爪子，这种内轮花瓣通常称为“旗瓣”。这种独特的花部结构与它的有性繁殖方式密切相关，鸢尾是非常典型的虫媒花，这种高度特化的花部特征和蜂类传粉昆虫的传粉行为非常适应。

鸢尾花“非常聪明”，它通过特有的传粉通道进行传粉活动，传粉者从传粉通道爬进去后，在狭窄的通道里无法转身，只能倒退着出来，鸢尾的柱头只有在传粉者进入入口时，它才会反折过来，让传粉者恰好抵触到，而当传粉昆虫倒退出来时是无法接触柱头的，这有效地避免了鸢尾自花传粉。

鸢尾属植物花雄蕊的花药靠近外轮花被片，而且也只有朝下的一面有花药，花药向外轮花被片开裂，传粉者从传粉通道爬过去，背部碰到花粉后，带走花粉，然后再访下一朵花时背部沾到的花粉就蹭到柱头上，如果传粉者从瓣化雄蕊上面经过，就取不了花蜜。

鸢尾的属名“*Iris*”在古希腊神话里是联系众神与凡间的使者，“彩虹女神”，寄托着人类对这一类奇幻美丽植物的喜爱之情。

鸢尾是古老的中国植物，有人认为花的“花瓣”像鸢的尾羽，也有人认为它的叶子平展形似“鸢尾”；又因鸢尾的叶片层层叠叠，正面望去如同一面蒲扇，又把它们称之为“乌扇”和“鬼扇”。古埃及的金字塔群中就有鸢尾形象的记录，其历史可追溯到公元前 1 500 年。

石竹 *Dianthus chinensis* L.

俗　　名：洛阳花，石菊

科　　名：石竹科 Caryophyllaceae

属　　名：石竹属 *Dianthus*

形态特征：多年生草本，高 30 ～ 50 厘米。茎直立，簇生。叶条状披针形，先端渐尖，基部渐狭成鞘状抱茎，全缘，无毛。花单生或 2 ～ 3 朵簇生，呈聚伞花序；花瓣 5 瓣，鲜红色、白色或粉红色，扇状倒卵形，先端浅裂呈牙齿状，基部具深红色斑点和疏生须毛，有长爪。蒴果长圆形，成熟时 4 齿裂。种子卵形，微扁，灰黑色，边缘有狭翅。花期 5—7 月，果期 8—9 月。

石竹的名字中有一个“竹”字，提示了它的特点：叶似竹叶，茎有节亦似竹。又能顽强地生长在山坡草地的石缝中，所以被取名为“石竹”。石竹整体上更为小巧玲珑，花通常为单瓣，单生或数朵集成聚伞花序，枝条细嫩。

它还有个“近亲”香石竹，是欧洲很受欢迎的花卉之一，传入中国后，由于香气比石竹更浓，所以叫作“香石竹”，又名康乃馨。相比而言，康乃馨的花重瓣性好，一般为单生，枝条较粗。

石竹远不像名字这么刚硬冷清，而是纤柔热闹的可爱模样。叶纤细而青翠，花多色，有紫红色、粉红色、鲜红色和白色，深浅变化多端。花瓣上有绣线般的纹路，顶缘是不整齐的齿裂。

石竹蒴果成熟时，萼片没有掉落，蒴果便被包裹起来，形如大麦的颖果，所以古时石竹也叫瞿（qú）麦，但植物学上看，瞿麦是花瓣边缘裂至中部，花瓣先端深裂，裂片如丝似缕的石竹属植物；但从中药上看，植物石竹或瞿麦的地上全草干燥后入药，中药都叫瞿麦。有清热利尿，散瘀消肿的功效。

《云阳寺石竹花》

唐 · 司空曙

一自幽山别，相逢此寺中。
高低俱出叶，深浅不分丛。
野蝶难争白，庭榴暗让红。
谁怜芳最久，春露到秋风。

诗人细致地描写了石竹的特点，以野蝶、庭榴衬托出石竹花的鲜艳颜色，并赞叹石竹花从春天到秋天持久开放。

石竹花是慈爱母亲的象征，古人赞美它是“天赐罗衣”，孩子们若见了，又会觉得它像极了卷笔刀削出来的铅笔花。如今石竹花成了现代人纪念母亲节的标志。

《石竹咏》

唐·王 绩

萋萋结绿枝，晔晔垂朱英。
常恐零露降，不得全其生。
叹息聊自思，此生岂我情。
昔我未生时，谁者令我萌。
弃置勿重陈，委化何足惊。

全诗托石竹而咏怀，语言质朴，格调清雅而深沉，善于起承转合。

前四句正面描写石竹，赞其正当全盛，风姿优美，但又想到霜露的降临，石竹免不了凋零。在一虚一实的对照中，寄寓了深深的忧患感，对生命进行了思考。

“叹息”四句由石竹的遭遇联想到人生，对生命、自我、人生进行追索思考，流露出彷徨和苦闷的情绪，不难看出诗人对隋末纷乱的社会现实的不满，诗意又逼近一层。结句却又一转，以委顺自然变化作收束，足见诗人的旷怀高致。

马齿苋 *Portulaca oleracea* L.

俗　　名：马蛇子菜，马齿菜，五行草

科　　名：马齿苋科 Portulacaceae

属　　名：马齿苋属 *Portulaca*

形态特征：一年生草本，全株无毛。茎平卧或斜倚，伏地铺散，多分枝，圆柱形，淡绿色或带暗红色。叶互生，有时近对生，叶片扁平，肥厚，倒卵形，有时微凹，基部楔形，全缘，上面暗绿色，下面淡绿色或带暗红色；叶柄粗短。花无梗，花瓣 5，稀 4，黄色，倒卵形，顶端微凹，基部合生。蒴果卵球形，盖裂；种子细小，多数，偏斜球形，黑褐色，有光泽，具小疣状突起。花期 5—8 月，果期 6—9 月。

蒴果成熟后，顶端呈环状横断开裂，像盒盖被打开了一样。里面是许多细小的斜球形种子。种子呈黑褐色，富有光泽，上面还有小小的疣（yóu）状突起。

马齿苋茎上生根，种子又多，生命力十分旺盛，对包括干旱和高温在内的多种胁迫具有较强的抗性。遍布中国各地的菜园、农田和路旁角落。

在漫长的进化过程中，植物已经独立进化出各种不同的机制来改善光合作用。例如，玉米和甘蔗进化出所谓的 C4 光合作用，使它们能在高温下保持产量。仙人掌和龙舌兰等多汁植物则采用另一种名为 CAM 的光合作用，这帮助它们在沙漠和其他缺水地区生存。马齿苋整合了这两种不同的代谢途径，创造出一种新型的光合作用，使马齿苋能在耐旱的同时保持高产。

马齿苋作为一种药食两用植物，富含多种维生素和脂肪酸。

马齿苋是一种野生蔬菜，历史悠久。中国许多地区都有吃马齿苋的习惯。

作为中药材，马齿苋可以全草使用。中医认为，它具有清热利湿、解毒消肿、消炎、解渴利尿的功能；它还可以降低血液中胆固醇的浓度，帮助改善血管壁的弹性。它对预防和治疗心血管疾病非常有益。

它还可以加工成兽药和农药。它嫩嫩的茎和叶也是很好的饲料原料！

马齿苋是一种营养价值非常高的野菜，据欧洲科研人员研究，马齿苋对心血管有保健作用，可降低脑卒中与急性心肌梗死等重症心血管病的发作风险。

研究还发现，马齿苋有调节血糖和消除Ⅱ型糖尿病人体内“胰岛素抵抗”现象等作用，可能与马齿苋所含各种植物化学成分的共同作用有关。

马齿苋有个“五行草”的别名，意思是它五行俱全，这在中草药里是非常罕见的。它之所以得名，是因为它叶子青色、梗茎红色、根茎白色、开黄色花、结出的果实却是黑色的。于是“青赤黄白黑”五色俱全，所以被叫作“五行草”。

《园官送菜》

唐·杜　甫

清晨蒙菜把，常荷地主恩。
守者愆实数，略有其名存。
苦苣刺如针，马齿叶亦繁。
青青嘉蔬色，埋没在中园。
园吏未足怪，世事固堪论。
呜呼战伐久，荆棘暗长原。
乃知苦苣辈，倾夺蕙草根。
小人塞道路，为态何喧喧。
又如马齿盛，气拥葵荏昏。
点染不易虞，丝麻杂罗纨。
一经器物内，永挂粗刺痕。
志士采紫芝，放歌避戎轩。
畦丁负笼至，感动百虑端。

杜甫有感于园吏所送菜多杂野菜，赋诗寄怀，嘲讽小人妒害君子。

二色补血草 *Limonium bicolor* (Bunge) Kuntze

俗　　名：蝇子架，燎眉蒿，匙叶草，血见愁，秃子花，干枝梅

科　　名：白花丹科 Plumbaginaceae

属　　名：补血草属 *Limonium*

形态特征：多年生草本，高达60厘米，全体光滑无毛。茎丛生，直立或倾斜。叶多根出；匙形或长倒卵形，基部窄狭成翅柄，近于全缘。花茎直立，多分枝，花序着生于枝端而位于一侧，或近于头状花序；萼筒漏斗状，棱上有毛，缘部5裂，折叠，干膜质，白色或淡黄色，宿存；花瓣5，匙形至椭圆形；雄蕊5，着生于花瓣基部；子房上位，1室，花柱5，分离，柱头头状。蒴果具5棱，包于萼内。花期7—10月。

二色补血草花朵非常像梅花，因此也有一个名字叫“干枝梅”，在寒冷的地方也能够开放，而且花的味道非常香，颜色漂亮，经久不掉落，是非常好的观赏植物。

其实这类植物所谓不凋谢的花朵也并非真正的花朵，而是看起来像是花朵的干膜质的合生萼片。这种萼片有蓝色、白色、黄色等各种颜色，它们有时与真正的花瓣颜色相似，如黄花补血草；有时完全不一样，如二色补血草。

因为生境多干旱，为适应缺水的条件，萼片膜质化。很适合做干花。

二色补血草为典型的泌盐盐生植物，主要分布在我国的西北干旱荒漠地区。

它的花很有特色，在水分充足且排水良好的条件下，小穗中开放的花多，花序也显得稠密；反之则花序较疏，小穗中能够开放的花也较少；在盐碱化趋向严重的地方，萼檐紫红色持续的时间较久，花序轴棱角明显并往往出现沟槽；在盐分较少的场所则花萼仅在初放时（甚至仅在花蕾时）呈粉红色，不久即变为白色；这也是二色补血草名字的由来。

在土质疏松、水分适宜而盐分不太重的地方，花序主轴常可变为圆柱状。

二色补血草还是金属矿的指示植物，二色补血草非常耐盐碱，铁矿矿脉附近会随着雨水渗出铁盐，使得大多数植物无法生长，而二色补血草却依旧可以在这里扎堆。由于这种特质，当地人叫它“铁花”。

二色补血草还是一种天然的灭杀苍蝇的植物，它有一种特殊的技能，能够释放出一种诱惑苍蝇的物质，苍蝇经过，闻到这种味道，就会停留在二色补血草上。结果，就被二色补血草“结果”了！它能够让苍蝇落在它的枝条上面，因此也叫“落苍蝇花”或者“蝇子架”，只不过它并不是给苍蝇提供休息的地方，而是苍蝇的天然陷阱，苍蝇一落下去，就永远飞不起来了。

当然它最大的功效还是作为中药补血和止血之用。

麻叶荨（qián）麻 *Urtica cannabina* L.

俗　　名：蝎子草，火麻

科　　名：荨麻科 Urticaceae

属　　名：荨麻属 *Urtica*

形态特征：多年生草本，横走的根状茎木质化。茎高 50 ～ 150 厘米，四棱形。叶片轮廓五角形，掌状 3 全裂自下而上变小。花雌雄同株，雄花序圆锥状，生下部叶腋；雌花序生上部叶腋，呈穗状。雄花具短梗，花被片 4 片。瘦果狭卵形，熟时变灰褐色，宿存花被片近膜质，外面生刺毛和细糙毛，花期 7—8 月，果期 8—10 月。

荨麻的茎秆和叶柄上面都有无数细小的肉眼难以看到的刺毛，这些细小刺毛有着独特的结构，富含二氧化硅，坚硬而中空，里面填充的是一种有冲击性的物质——甲酸（蚁酸），基部则是由许多的细胞组成的腺体。人畜的肌肤一旦接触到荨麻，刺毛被折断，不仅会受到物理上的伤害，同时刺毛中的化学物质被释放，引发化学伤害，使得伤口皮肤产生刺痒的痛感，像火烧、蚂蚁咬或马蜂蜇的感觉；严重时还会起水疱。

由于刺毛本身和甲酸的保质期都很长，即使压成了蜡叶标本，荨麻也依然能蜇伤人。

麻叶荨麻嫩茎叶中含有丰富的蛋白质、多种维生素、胡萝卜素，还含有较高的铁、钙等无机盐及丰富的微量元素，是一种营养价值很高的野菜。

荨麻含有大量纤维且很有韧性，同亚麻、苎麻一样，在很久以前就被用来制作麻布。但与亚麻、苎麻相比，其胶质成分比较多，脱胶难度大，火候掌握不好的话纤维就会断，强度也会降低，所以在现代，荨麻不太常用来做麻布，而用来当作造纸原料。

吃荨麻世界锦标赛

英国有个小镇每年举办生吃荨麻世界锦标赛。每个参赛选手会发一堆新鲜荨麻枝条，选手把叶片揪下来吃，以一小时为限，以选手手里荨麻光杆的总长度来计算比赛名次；胜利者可以得到 100 英镑的奖金，目前的纪录保持者吃了 76 英尺，也就是 23 米。

荨麻全草入药，祛风湿，凉血，止痉，用于治疗高血压；外用治荨麻疹初起，风湿关节炎，毒蛇咬伤，小儿惊风。

草麻黄 *Ephedra sinica* Stapf.

俗　　名：麻黄，华麻黄

科　　名：麻黄科 Ephedraceae

属　　名：麻黄属 *Ephedra*

形态特征：草本状灌木，高 20 ～ 40 厘米；木质茎短或呈匍匐状，表面细纵槽纹。叶 2 裂。雄球花多呈复穗状；雌球花单生，在幼枝上顶生，在老枝上腋生，苞片 4 对；雌花 2 朵，雌球花成熟时肉质红色；种子通常 2 粒，包于苞片内，黑红色或灰褐色，表面具细皱纹，种脐明显，半圆形。花期 5—6 月，种子 8—9 月成熟。

草麻黄是裸子植物，雌雄异株，雄球花多呈穗状，雌球花则单生；种子浆果状，假花被发育成革质的假种皮。苞片发育增厚成肉质、红色，富含黏液和糖质。种子成熟后自然脱落，所以种子采收难度大，但种子成熟后遇雨水会迅速萌发、生长。

麻黄只有细细的茎秆，其叶片退化成膜质鳞片状，茎秆有节，且质脆，易断，实心，外围黄绿色，髓部呈暗红棕色。

麻黄适应性很强，根系发达，根蘖能力强，既有横走的水平根，又有垂直向下的垂向根，形成庞大的“T”形根系网，所以耐干旱、盐碱、贫瘠，抗风蚀沙埋。在干旱的大风沙地区，常成片丛生，是优良的固沙、保水植物。

同时麻黄营养丰富，含热量高，是优良的放牧饲草，也作燃料。

麻黄特产于中国，是世界名药，富含生物碱、黄酮、有机酸等化学成分，被誉为“黄金植物”“大漠之宝”。

麻黄被称为天下第一峻药，所谓峻药就是药性猛烈的药物。这个药在所有中药学课本上都是放在第一个，中药方剂学课本上的第一个方子是麻黄汤。但是，很多中医医生却不敢擅用麻黄，有些医生可能一辈子都没用过这个药，不敢用，怕出问题。

麻黄在秋季采割绿色的草质茎，晒干后可入药，用作中药的历史已有四千多年；因其含有称为麻黄素的生物碱，被纳入我国二类精神药物。它也是制造冰毒的原料，所以我国对麻黄是实行严格控制、禁止自由买卖的。

麻烦草

在很久以前，有位老者，善医药。收一徒，性狂妄。学艺十年有余，无心学艺，艺不长进，老者失望至极。遂命徒下山另立门户。弟子心喜，立即拜别老者。临行前，老者还是不放心，叮嘱弟子“有一草，名无叶，根、茎用处异之，茎为发汗，根为止汗，一朝弄错，必出人命！”弟子回答：“发汗用茎，止汗用根，明白了，放心吧师父。”可是并未记于心。师徒分道，各自行医。

数月过去，弟子接诊一患者，咳喘多日，脸色发白，虚汗不止，用无叶草茎，服药后，患者亡矣。家属把徒弟抓去见县太爷。县令传老者，问，是否已告知徒弟无叶草根、茎用处之异。老者答曰：“已详细告知。”县令再问徒弟，徒弟答曰：“老者已清楚告知。”随后，县老爷判徒弟有罪，打四十大板，收监三年。

徒弟刑满，寻师认错，痛改前非，努力研究。此后，徒弟再无用药失误，但每当使用“无叶草”时就万分小心。到了后来由于“无叶草”使他闯过大祸，惹过麻烦，就起名叫作“麻烦草”，又因这草的根是黄色的，为了好记忆又改叫“麻黄”。

麻黄的地上部和地下部分均可入药，草质茎为麻黄，其根为麻黄根。现代研究证实，麻黄根中含的生物碱和麻黄不同，主要是麻黄根碱、麻根素等。这些生物碱能抑制低热和烟碱所致的发汗，和麻黄能升高血压不同，麻黄根有降血压的作用。出自同一植物，但功效相反，足以见得中医药的神奇。

蒺藜 *Tribulus terrester* L.

俗　　名：棱角刺，三角刺，野菱角，虎郎子，鬼见愁，地菱

科　　名：蒺藜科 Zygophyllaceae

属　　名：蒺藜属 *Tribulus*

形态特征：一年生草本。茎平卧，无毛，被长柔毛或长硬毛，偶数羽状复叶；小叶对生矩圆形或斜短圆形，被柔毛，全缘。花腋生，花梗短于叶，花黄色；萼片宿存。果有分果瓣，其余部位常有小瘤体。花期 5—8 月，果期 6—9 月。

蒺藜的生命力非常顽强。一般的植物，种子最多越冬之后就得发芽，不然就没什么用了，而蒺藜的种子，平均可存活长达 7 年，一有机会就会萌发蔓延，很难清除。生长在农田里都被作为有害杂草处理，影响人类活动和动物食用。

果实可入药称刺蒺藜，有散风、平肝、明目功效；嫩茎叶可以治疗皮肤瘙痒症。而且鲜嫩的茎叶可以做饲料用。种子可榨油；茎皮纤维供造纸。

在《神农本草经》中，蒺藜就属于上上品药材，并且还这样记载："久服蒺藜能长肌肉明目轻身"，在那个时候的肌肉肯定和现代肌肉的概念不同，在古代的意思是有强身健体，增强精力的效果。

但蒺藜有一定的毒性，中毒后常见乏力、嗜睡、头昏、恶心呕吐、腹泻、心悸，唇甲及皮肤黏膜呈青紫色、猩红热样药疹等症状，严重者可出现肺水肿、呼吸衰竭，并可引起高铁血红蛋白而产生窒息。所以不宜过量食用，应遵医嘱，科学服用。

蒺藜果实分为 5 个果瓣，每个果瓣中部边缘都有 2 枚质地坚硬的锐刺，下部有 2 枚小锐刺，其余部位常有隆起的小瘤体，形似民间插针的布包。

果实质地坚硬，若是被人踩到或"粘"在家畜的皮毛间，会影响家畜活动。

古时用来妨碍敌军的兵器"铁蒺藜"就是参考蒺藜果实的形状发明的。古代军旅模仿蒺藜多刺的果实，做成铁蒺藜，置于敌阵前，用来扎敌人的脚掌。王维的诗歌《老将行》中描写"汉军声势迅猛如惊雷霹雳，虏骑互相践踏是怕遇蒺藜。"

《本草纲目》中就对其有描述：蒺，疾也；藜，利也；茨，刺也。其刺伤人，甚疾而利也。屈人、止行，皆因其伤人也。

蒺藜中含有一种特殊的物质——皂苷，这是一种天然的抗菌消炎的物质，能够增强机体的免疫功能，自然杀伤有害细胞的活性，是一种很好的增强免疫功能的植物。

狼毒 *Stellera chamaejasme* L.

俗　　名：断肠草，一把香

科　　名：瑞香科 Thymelaeaceae

属　　名：狼毒属 *Stellera*

形态特征：多年生草本，高 20 ～ 50 厘米；根茎木质，粗壮，圆柱形，表面棕色，内面淡黄色；茎直立，丛生，不分枝，纤细，绿色，有时带紫色，无毛，草质，基部木质化。叶散生，薄纸质，上面绿色，下面淡绿色至灰绿色，边缘全缘。花白色、黄色至带紫色，芳香，多花的头状花序，顶生，圆球形；果实圆锥形，上部或顶部有灰白色柔毛；种皮膜质，淡紫色。花期 4—6 月，果期 7—9 月。

狼毒大量滋生是天然草地发生严重退化的重要标志（不是原因，而是结果）。过度放牧的草原一般会有成片的狼毒生长，因为狼毒的毒性较大，牛羊不爱吃，禾本科植物才是牛羊的最爱，所以禾本科植物被过度啃食，来不及再生长的时候，狼毒就会占领这片草地，个体数量不断增多，成为新的霸主。之所以能成为新的霸主，得益于狼毒顽强的生命力。首先，它的根系特别发达，地面下的根系粗壮发达深远，地上地下比例的不协调可以使它能够吸收更深更远更多的水分和营养。其次，在繁育生态上，狼毒具有自交不亲合性（自花授粉失败），花粉活力高，传粉昆虫多样，柱头保持活性时间长等优点可以提高它的遗传多样性，更好地适应环境。除此之外，它对伴生植物的化感作用使得有它们成群的地方，其他植物的种子和幼苗就无法很好地萌发和长大，从而使它们自己生长旺盛。

有毒的狼毒花在藏文化中却有着非常的特殊地位。在西藏，以它为主原料生产出一种珍贵的东西，叫作狼毒纸，因为它可以经得起时间的打磨和考验，只在制作高品质的经书时才会用到。

狼毒花的根茎是制作狼毒纸的基础原料，尽管在制作过程中，其根茎经过了数道工序的漂洗加工，但是毒性仍在。而采用这种纸抄写的经书即便放置几十上百年，也可以防止虫蛀鼠咬，能最大程度上保护珍贵的经书，因此，狼毒纸也被誉为“身怀绝技的经书保镖”。由于狼毒纸不易被蛇鼠虫蚁靠近，也被佛祖认为是世界上最圣洁的纸。

《神农本草经 · 下品 · 草部》中有“杀飞鸟走兽，一名续毒”。狼毒的毒性非常大，不但飞鸟走兽，而且周边植物，都是在其杀伤力范围之内。现在狼毒被用来制作杀虫剂和杀草剂。

狼毒花具有止咳化痰的功效。尽管狼毒花有一定药理价值，但因其毒性较大，所以不慎误食的话也会造成生命危险。

柽（chēng）柳 *Tamarix chinensis* Lour.

俗　　名：红柳

科　　名：柽柳科 Tamaricaceae

属　　名：柽柳属 *Tamarix*

形态特征：乔木或灌木，高 3 ～ 6（～ 8）米；老枝直立，暗褐红色，光亮，幼枝稠密细弱，常开展而下垂，红紫色或暗紫红色，有光泽；嫩枝繁密纤细，悬垂。叶鲜绿色，长圆状披针形或长卵形，呈薄膜质。花序侧生在前一年生木质化的小枝上，花大而少，稀疏而纤弱点垂；花瓣粉红色。花期 4—9 月。蒴果圆锥形。

柽柳被认为是世界上最抗盐碱的树种，能在含盐碱 0.5% ～ 1% 的盐碱地上生长，是改造盐碱地的优良树种。柽柳具有特殊的泌盐功能，它吸收进来盐，通过体内的泌盐腺体，将有害的盐类通过叶面排出体外，达到避盐的目的。这种排盐的方式就是落叶。将地下的盐转移到地上，而自己却不受盐的伤害。这些脱落的枝叶，又是畜群、野畜的饲料，它们又从中补充身体所需的盐分。土壤一定程度脱盐，牲畜又获得加盐的饲料，土壤地下水位也因柽柳林的生物排水效应而降低，减轻了土壤盐碱化危害，一举数得。

柽柳还具有耐水湿的特性，适应性极强。不仅能在重盐碱地、沿海滩涂存活，也能在零下 35℃地区生存，而且柽柳根系发达，萌生力强，容易繁殖和栽培，耐旱、耐贫瘠和沙埋，在我国西北荒漠、半荒漠极为贫瘠干旱的地区也能旺盛生长，是优良的防风固沙植物之一，是治理沿黄沙地、盐碱地荒漠、沙漠的优良植物，对国家荒漠地区的生态环境恢复具有不可估量的生态价值。

柽柳常被误读成“怪柳”，其实“柽”这个字在中国已有 2 000 多年的历史，但现在只供“柽柳”专用，所以对多数人来说较为生僻；又因为生长在荒漠地带，熟悉它的人就更少了。其实在我国其他地区，人们也能频繁见到它的枝条，常被西北人用来串牛羊肉，做成美味的烧烤小吃“红柳烤串”。

《魏仓曹东堂柽树》

唐·李　颀

爱君双柽一树奇，千叶齐生万叶垂。

长头拂石带烟雨，独立空山人莫知。

攒青蓄翠阴满屋，紫穗红英曾断目。

洛阳墨客游云间，若到麻源第三谷。

诗人对柽柳的枝、干、叶、花都作了形象的描绘。主要赞美柽柳树的仪态，同时赞其周围景色有如晋宋间著名诗人谢灵运笔下的麻姑仙境。

柽柳的萌生枝条坚韧有弹性，且耐磨；是编制筐、篮、箱、篓等农具和日用品的好材料，经久耐用，胜过柳条；其枝亦可编糖和农具柄把。枝叶药用为解表发汗药，有去除麻疹之效。

《有木　其六》

唐·白居易

有木名水柽，远望青童童。
根株非劲挺，柯叶多蒙笼。
彩翠色如柏，鳞皴皮似松。
为同松柏类，得列嘉树中。
枝弱不胜雪，势高常惧风。
雪压低还举，风吹西复东。
柔芳甚杨柳，早落先梧桐。
惟有一堪赏，中心无蠹虫

《有木诗八首》约作于元和二年至元和六年。元和二年白居易被召回长安，第二年，诗人三十七岁，官拜左拾遗。左拾遗是一个谏官，“凡发令举事有不便与时、不合于道者，小则上封，大则廷诤”。这正适合白居易向上谏言，《有木诗八首》创作于此期间，作为讽喻诗，是白居易履行职责，劝喻告诫统治者之作，通俗流丽，有很强的说教性。

在《有木　其六》中诗人仔细观察，把柽柳的形态、特点以及观赏价值，描绘得细致入微，淋漓尽致。并找出树的特点与人的特点相似之处，以树喻人，来警诫后人。

柽柳指代的人物并非小人，也不是高洁的贤者，而是有一定可取之处的较为平庸的庸才。“水柽”所代表的人，与“弱柳”差不多，在外貌、名声上得以与贤者同列；但事实上却懦弱、易凋、非栋梁之材。

梭梭 *Haloxylon ammodendron* (C. A. Mey.) Bunge

俗　　名：梭梭柴

科　　名：苋科 Amaranthaceae

属　　名：梭梭属 *Haloxylon*

形态特征：小半乔木，有时呈灌木状，高 1 ～ 5 米或更高。树冠直径 1.5 ～ 2.5 米。树干粗壮，常具粗瘤，树皮灰黄色；二年生枝灰褐色，有环状裂缝；当年生枝深绿色。叶对生，退化成鳞片状宽三角形。花小，单生于叶腋，黄色，两性，边缘膜质。胞果半圆球形，顶稍凹，果皮黄褐色，肉质。5 月中、下旬开花，花期约 20 天，6—8 月花休眠，9 月上旬开始结实，9 月末、10 月初种子成熟，11 月初全株枯黄。

梭梭的叶子退化为鳞片，以此减少水分蒸发，仅仅依靠当年生的嫩枝进行光合作用，在干旱炎热的夏季到来后，部分幼嫩枝自动脱落，以减少其蒸腾面积。不掉的枝条则木质化变成老枝，这样一来便减少了水分的消耗，减轻了母株的负担。这是梭梭“自创”的独特生存手段。

梭梭的花比较小，生长在两年生的绿色枝条上，结果时花瓣不但不脱落，反而变得更大，将半圆形的胞果围抱在中央，形态颇似梅花，因此又被誉为“沙漠里的梅花”。花瓣先端的背面长着翅状附属物，果实成熟时，种子能够借助发达的果翅随风传播到远方。

梭梭拥有很多适应沙漠环境的神奇本领。它的种子生命力极强，落地后，只需要一点点水，就能在两三个小时内生根发芽，速度堪称世上最快。

此外，梭梭一般具有庞大的根系，垂直根可达 9 米以上，水平根更是可以分布到 10 米以外，吸收水分和养分的范围很广。

在炎热的夏季和寒冷的冬季，它还会转入“夏眠”和“冬眠”模式来保护自己。梭梭有明显的“光合午睡”“蒸腾午休”特征，即在正午太阳强辐射下，植物体关闭气孔来保存水分，这是植物在长期进化过程中形成的一种适应干旱的方法。

古籍记载说：“回纥野马川有木曰锁锁，烧之其火经年不灭，且不作灰”。说梭梭柴火十分耐烧，可以说是世界上最好的木材燃料之一，又被称为“荒漠活煤”。

不过，人口大幅增加后，梭梭柴大面积消失了，生活在沙漠边沿的人们开始饱受风沙欺凌之苦，这是大自然对人类无节制索取行为的一种报复。

在我国西北地区的戈壁荒漠，梭梭林是许多昆虫、动物和寄生植物的乐园。梭梭是个很受欢迎的寄主，不仅根部会寄生肉苁蓉，还有一种叫作“天花吉丁”的昆虫也喜欢寄生在它身上。

沙拐枣 *Calligonum mongolicum* Turcz.

俗　　名：山红紫，头发菜

科　　名：蓼科 Polygonaceae

属　　名：沙拐枣属 *Calligonum*

形态特征：灌木，植株高 0.5 ～ 1.5 米。老枝灰白色，开展，拐曲；当年生幼枝草质，灰绿色。叶条形。花白色或淡红色，簇生于叶腋。花梗下部具关节；花被片卵形或近圆形；子房椭圆形，有纵列鸡冠状突起。小坚果椭圆形，不扭转或稍扭转，顶端锐尖，基部狭窄；肋状突起明显或不明显，每一肋状突起有 3 行刺毛，有时有 1 行不完整；刺毛叉状分枝 2 ～ 3 次，基部不明显加粗，易折断。花期 5—7 月，果期 6—8 月。

沙拐枣上几乎看不到叶片，叶片都缩小成线形，使枝条节间很短，拐来拐去，使它们有了“拐枣”之名。花通常也生在叶与茎之间的夹角处。

沙拐枣有很强的生长势，生根、发芽、生长都很快，在沙地水分条件好时，一年就能长高两三米，当年即能发挥良好的防风固沙作用，而且在大风沙条件下，有“水涨船高”的本领，生长的速度远超过沙埋的速度，即使沙丘升高七八米，它也能在沙丘顶上傲然屹立，绿枝飘扬，似乎在嘲笑风沙。因此，人们选用它作为防风固沙的先锋植物。它们一次灌溉即可成林，捍卫了绿洲的宁静。

沙拐枣，“枣”是形容果实，“拐”则是枝条的七拧八拐形态，“沙”则是它们的生境。沙拐枣名为“枣”，实则不是枣，而是形容它果实如枣般挂满枝头。

沙拐枣果实形状多种多样，一类是翅果派，它的果实外缘长了四片棱状的“翅膀”；一类是刺果派，在果实外长满了刺毛；一类是囊果派，果实包在薄薄的膜中，像挂满了串串小灯笼。翅果、囊果使种实在小风下就能被吹到远处，刺果则能吸附到人、畜身上被带至远方。这些形态的果实为了延续生命煞费苦心。

沙拐枣除了防风固沙和药用价值，还有很高的观赏价值。沙拐枣种类繁多，不同的品种，果实形态不同，花色迥异。以不同的果实形态、先后的结果期、大量的果实，从 4 月到 6 月，给苍凉的荒漠增添了生命的气息和艳丽的色彩，在沙漠中形成特殊、美丽的景观，吸引了大量游人前往观赏。

沙拐枣的种子具有生理休眠的特性，这能保证它在散布后有足够的时间去寻找“宜居地”，并能安全度过沙漠地区寒冷的冬季，在适合小苗生长的春季来临时，再萌发。

沙枣 *Elaeagnus angustifolia* L.

俗　　名：香柳，金铃花，雏柳，桂香柳，七里香，银柳，红豆，狭叶胡颓子

科　　名：胡颓子科 Elaeagnaceae

属　　名：胡颓子属 *Elaeagnus*

形态特征：落叶乔木或小乔木，高 5 ～ 10 米，无刺或具刺，棕红色，发亮；幼枝密被银白色鳞片，老枝鳞片脱落，红棕色，光亮。叶薄纸质，矩圆状披针形至线状披针形，顶端钝尖或钝形，基部楔形，全缘，上面幼时具银白色圆形鳞片，成熟后部分脱落，带绿色，下面灰白色，密被白色鳞片，有光泽，侧脉不甚明显；叶柄纤细，银白色，果实椭圆形，粉红色，密被银白色鳞片；果肉乳白色，粉质；果梗短，粗壮，花期 5—6 月，果期 9 月。

沙枣的嫩枝、嫩叶、花朵和果实上都密布一层银白色的鳞片，远远看去身上像裹了一层薄薄的霜。这种细小而密集分布的圆形鳞片，放大了看，如同一朵朵银白色的小花。胡颓子属的植物都有这个鳞片，它们能够帮助植物减少在干旱环境下的水分蒸腾。沙枣的叶片成熟后，鳞片会部分脱落；老枝上的鳞片则全部脱落，露出光亮的红棕色枝条。

野生沙枣繁殖方式很有趣，依靠名为赤颈鸫（dōng）的鸟“飞播”种子。赤颈鸫为候鸟，秋、冬、春季以沙枣为食，所以又叫沙枣鸟。它采食沙枣后，飞过之处沙枣核随粪便得以散播；生长条件适合，种子便会发芽。沙枣为沙枣鸟提供了饱腹之果，沙枣鸟也为沙枣种子提供了免费的“空运服务”，二者在互惠互利中生生不息。

沙枣花具有浓烈的香气，在吸引蜜蜂的同时还能驱虫。西部很多地区的人常于端午节前后剪一束沙枣花插在门前，以驱邪避祸，祈求平安。从花中提取的芳香油常作为调香原料，为化妆品或香皂增添特殊的香气。

它的果实长得像小枣儿，吃起来有一种沙沙的口感。果肉含有糖分、淀粉、蛋白质、脂肪和维生素，生食熟食皆可。每年 5 月，到了沙枣花盛开之时，树枝上开满了覆盖着一层“微霜”的黄色小花，花虽不起眼，却香溢四野，因此沙枣又有“七里香”的美名。沙枣树树皮皴（cūn）裂，枝干盘曲，造型十分诡谲。

《西陲竹枝词·沙枣》

清·祁韵士

金枣尝新贮蒲篮，离离亦有赤心含，

葡萄美酒虽难匹，风味还怜小酿甘。

沙枣可以熬糖和酿酒，诗中“小酿甘”说的便是用沙枣酿出甘甜的美酒。

沙枣作为饲料，在中国西北已有悠久的历史。其叶和果是羊的优质饲料，羊四季均喜食。羊食沙枣果实后可以增膘肥壮。在西北冬季风暴天气，沙枣林则是避灾保畜的场所。

植物拓展活动

探秘土壤里的生命

植物种子成熟后离开母体都去了哪里？有些被人采收，或制成了食物，或进行存储等待后续加以利用；有些被食草动物当作食物吃掉或储存了起来；有些被风、动物等带走散落到各处的土壤中；有些直接掉落在植物脚下的土壤中；还有些依然挂在植物上……

北方的冬天，很多植物都枯萎了，庭院和空地上寸草不生，但是土壤中真的没有任何植物吗？我们动手验证一下吧。

采集土壤：采集没有任何生物生长的区域的土壤。

培养土壤：在下部有孔的花盆底部铺一层大颗粒石子，上部铺满沙子，最上面覆盖采集到的土壤，一般 1～2 厘米，充分浇水，置于适当环境中让其自然萌发，期间要不断补充水分，保证土壤的含水量。

观察土壤中的萌发：记录萌发幼苗的种类和数量，并拔出已鉴定的幼苗，继续浇水，整个过程持续至花盆中不再有杂草幼苗长出为止，然后将土样搅拌混合，继续观测，直至停止出苗。

通过植物发芽实验可以得知，土壤表面看似没有任何植物生长，实际上植物以种子的形式度过冬天。这些土壤及土壤表面的落叶层中所有具有生命力的种子的总和被称为土壤种子库，它们不但可以反映地上植物的历史，也会影响植物的未来。

第二节　森林植物

“森林”由 5 个“木”组成，可以看出森林有很多的树木，指以木本植物为主体的生物群落。森林是陆地上最复杂的生态系统，生物多样性非常丰富，是很多动物和植物的栖息地。森林中的树木是我们生活中不可缺少的部分，不但源源不断的给我们提供资源，同时也在默默无声地改善着我们的生存环境。

内蒙古黄河流域典型森林植物有圆柏、油松、白桦，华北落叶松、菟丝子、枸杞、沙棘、文冠果、蒙古栎、卫矛、山荆子、稠李等。

圆柏 *Sabina chinensis* (L.) Ant.

俗　　名：桧，桧柏

科　　名：柏科 Cupressaceae

属　　名：圆柏属 *Sabina*

形态特征：常绿乔木；有鳞形叶的小枝圆或近方形。叶在幼树上全为刺形，随着树龄的增长刺形叶逐渐被鳞形叶代替；刺形叶 3 叶轮生或交互对生，斜展或近开展，下延部分明显外露，上面有两条白色气孔带；鳞形叶交互对生，排列紧密，先端钝或微尖。雌雄异株。球果近圆形，有白粉，熟时褐色，内有 1 ～ 4（多为 2 ～ 3）粒种子。

圆柏称桧（guì），融会松、柏两者的特点，“柏叶松身”，故有斯名。是常绿乔木，树形伟岸挺拔，抗寒能力强，寿命长；木材质地坚密，桃红色，有芳香气味，耐久，耐腐。自古以来一直被当作正义、高尚、长寿以及不朽的象征。

古人认为柏树向阴指西，适合种在墓地里。不过也不是随便谁的墓地都可以种柏树，要按照当时的礼法制度进行，只有诸侯墓才享有这个待遇。

历经岁月的古柏，多“清”“奇”“古”“怪”。因此，圆柏也是古代寺院和园林钟爱的树种之一。它们按照自然规律质朴生长，经历风吹雨打，经过四季更替，活成历史的模样。所以每一株古柏都储存着过去气候的信息。圆柏通过生长年轮，记载干旱、湿润等历史信息。

和多数柏科植物不同的是，圆柏长了两种形状的叶子。它不像都是鳞叶的侧柏，也不像都是刺叶的刺柏，圆柏鳞叶、刺叶都有。

老树上全为鳞片状的叶子，紧密贴合在一起，形成圆润的小枝；幼树上都是戟张的刺叶；壮龄树上兼有鳞叶和刺叶，通常外侧是鳞叶，内侧是刺叶；仔细看的话，可以发现鳞叶和刺叶都是 3 枚轮生。

除叶形外，圆柏的幼树与老树形态差异也很大，幼树的枝条通常斜上伸展，形成尖塔形树冠，老树则下部大枝平展，形成广圆形的树冠；不仔细观察会认为这是两种树。

《和刁太博新墅十题其九绵桧》

宋・梅尧臣

翠色凌寒岂易衰，

柔条堪结更葳蕤。

松身柏叶能相似，

劲拔缘何不自持。

圆柏的球果与其他柏科的球果不同，多汁且不开裂，两年成熟，所以一棵树的同一枝条上能同时见到具白粉的幼嫩绿色球果和成熟紫黑发亮的球果。

油松 *Pinus tabulaeformis* Carriere

俗　　名： 短叶松，红皮松，东北黑松

科　　名： 松科 Pinaceae

属　　名： 松属 *Pinus*

形态特征： 乔木，成株可达 25 米，胸径 1 米，树冠在壮年期呈塔形或广卵形，老年期呈盘状或伞形，树皮棕色，有鳞片状裂痕，裂痕为红褐色。叶片 2 针 1 束，或 3 针 1 束，雄球花橙黄色，雌球花紫绿色（典型特点），果实呈卵形。

油松是中国特有的松树种类，作为北方路边、公园高频出现树种，它最大的特点就是生长迅速。

油松树冠较稀，天然整枝较高，在全光条件下能天然更新，为荒山造林的先锋树种。但在幼年，也有一定的耐阴能力，在很多天然林林冠下更新良好。油松抗旱性强，针叶表皮厚壁组织发达，气孔下陷，这有利于削弱水分消耗，降低蒸腾强度。同时具有发达的水平根和垂直主根，有利于吸收水分。

油松的松球常年挂在枝头不脱落，随着松球逐渐干燥，种鳞打开，种子也就随风四散，只留下灰黑色的空松球挂在枝头。油松雌雄异株，雌树结松球。雄树不结果，只有长穗状花穗。

油松和马尾松常被认错，成年马尾松树冠呈不规则的球形；成熟的油松树冠则经常长成扁平状，具大大的平顶。平顶分枝让到达一定树龄后的油松生长速度减慢。油松的松针比马尾松的更加强韧，且松针普遍稍短一些。油松树皮下部灰褐色，裂成不规则鳞块，马尾松外皮深红褐色、微灰，纵裂，长方形剥落。油松花粉的颜色为金黄色，马尾松为淡黄色。

油松树干挺拔，树形高大，姿态优美，即便只有一棵也能独立成景。不论是什么样的生存环境，它都昂扬向上、巍峨挺拔、四季常青。

1986 年，油松被选定为呼和浩特市的市树。这样的树最适合青城，也最能够代表青城的品格与风范，象征着这座城市繁荣昌盛和欣欣向荣。

位于内蒙古鄂尔多斯市纳日松镇松树焉村的油松王景区，有一棵北宋神宗熙宁年间自然所生的油松，有 900 多年历史，是目前所发现的中国最古老的油松，故称“油松王”。“纳日松”系蒙古语松树的意思。

油松在我国的寺庙中很常见，很多寺庙中都有上百年甚至几百年的油松古树，所以被誉为中国著名传统松树。

《岁寒知松柏》

宋·黄庭坚

松柏天生独，青青贯四时。

心藏后凋节，岁有大寒知。

惨淡冰霜晚，轮囷涧壑姿。

或容蝼蚁穴，未见斧斤迟。

摇落千秋静，婆娑万籁悲。

郑公扶贞观，已不见封彝。

黄庭坚这首写在大寒时节的松柏诗，赞美了最冷时节依然青翠的松树。

松柏天生孤独独立，与众不同，青色的叶子和颜色贯穿了一年四季。它心中蕴藏着不凋谢的气节，而在一年中最冷的大寒时节，你才会知道松树这种真正的气度和美。在惨淡寒冷的冰霜岁晚，它们站在千山万壑之中，在流水山谷，在冰雪山顶，独有一种傲岸挺拔。它们遒劲的枝干或许成为蚂蚁的家园，但是有需要的时候，仍旧可以将老松树砍伐下来，作为栋梁之材。秋冬的松树自然带着悲壮。郑公指魏徵，魏徵在世时封为郑国公，曾经帮助唐太宗成就贞观之治这样的历史盛世，他之后，还有多少人像他那样如松树般大气忠贞。

黄庭坚借诗所指，他空有松柏之贞，爱国之志，但是被卷入党政倾轧，不断被流放贬谪，世上再无魏徵在朝堂，而他的松柏心也只能伴着人生岁月的极寒，孤独在山林野外，做个人的精神坚守。

白桦 *Betula platyphylla* Suk.

俗　　名：臭桦，粉桦，东北白桦

科　　名：桦木科 Betulaceae

属　　名：桦木属 *Betula*

形态特征：乔木，高可达 27 米；树皮灰白色，成层剥裂；枝条暗灰色或暗褐色，无毛；小枝暗灰色或褐色，无毛亦无树脂腺体。叶厚纸质，下面无毛，密生腺点。果序单生，圆柱形或矩圆状圆柱形，通常下垂。小坚果狭矩圆形、矩圆形或卵形，背面疏被短柔毛，膜质翅较果长 1/3，与果等宽或较果稍宽。

白桦树是俄罗斯的国树，是这个国家民族精神的象征。或许因为经常出现在以俄罗斯和中国东北为背景的文艺作品里，“白桦林”这个词听起来总是带着一丝北方风情。实际上，白桦是东亚广布的物种。

桦属植物多是次生林演替中的先锋树种。针叶林被砍伐或火烧后，失去荫蔽的地面首先长满灌丛，紧接着桦树和杨树就蹿起来，形成喜阳的落叶阔叶林。喜阴的冷杉和云杉幼苗，在杨桦林的庇护下逐渐长大，经过 70 ~ 100 年，高度才超过阔叶树。在中国西南的高山林区，我们经常能在暗绿色的针叶林间看到嫩绿色的斑块，这就是正在演替的杨桦林。

白桦最显著的特征就是白色的树皮，和林下略显阴郁的背景色反差很大。

3 000 多年来，白桦一直受到北方游牧民族的关注。在我国，“桦树皮文化”是东北地区古代少数民族物质文化生活的重要组成部分。历史上，聚居于大小兴安岭和长白山地区的满、蒙古、达斡尔、赫哲、鄂伦春等民族，因受地理位置、自然环境和生产方式等因素的制约，都曾经是“桦树皮文化”的创造者。树皮是成层剥落的，十分坚韧且不透水。桦树皮制品在他们的日常生活中占有重要的位置。东北地区各少数民族的餐具、酿酒具、容器、住房、篱笆都用桦皮制作而成，特别是桦皮船曾是关东各族人民的水上交通工具。

汉朝司马相如的《上林赋》里有“沙棠栎槠，华枫枰栌”的句子，其中“华”指的就是白桦。

白桦的树干上还有很多皮孔和“眼睛”，非常独特。皮孔是它的自然特征，而“眼睛”，某种意义上，有人类塑造的成分。除去风雷折断的旁枝、小枝，也有人们为确保白桦树干通直而刻意修剪掉的旁枝。于是，白桦在成长过程中，树干上就会留下疤痕无数。年龄越大，伤痕越多。远远望去，真有个别神奇的疤痕，如同眼睛。

《白桦》

四年级下册　语文教科书　人民教育出版社

在我的窗前，
有一棵白桦，
仿佛涂上银霜，
披了一身雪花。
毛茸茸的枝头，
雪绣的花边潇洒，
串串花穗齐绽，
洁白的流苏如画。
在朦胧的寂静中，
玉立着这棵白桦。
在灿灿的金晖里，
闪着晶亮的雪花。
白桦四周徜徉着，
姗姗来迟的朝霞，
它向白雪皑皑的树枝，
又抹一层银色的光华。

文章以白桦为中心意象，从不同角度描写它的美。满身的雪花、雪绣的花边、洁白的流苏，在朝霞里晶莹闪亮，披银霜，绽花穗，亭亭玉立，丰姿绰约，表现了一种高洁之美。诗中的白桦树，既具色彩的变化，又富动态的美感。白桦那么高洁、挺拔，它是高尚人格的象征。流露出诗人对家乡和大自然的热爱之情。

华北落叶松 *Larix gmelinii* var. *principis-rupprechtii* (Mayr) Pilger

俗　　名：落叶松，雾灵落叶松

科　　名：松科 Pinaceae

属　　名：落叶松属 *Larix*

形态特征：华北落叶松高达 30 米，胸径达 1 米；树皮灰褐色或棕褐色，纵裂成不规则小块片状脱落；树冠圆锥形。叶窄条形，先端尖或钝，上面平，下面中肋隆起。球果卵圆形或矩圆状卵形，成熟时淡褐色，有光泽，背面光滑无毛，不反曲；种子斜倒卵状椭圆形，灰白色。花期 4—5 月。球果成熟 9—10 月。

落叶针叶树多数为短针叶，叶子每年都会脱落。华北落叶松生长快，材质优良，为速生针叶树种之一，也是华北亚高山地区的主要造林树种。

落叶松是坚固耐用的树木，它们的针叶因为内部没有刚性机械组织而柔软。像所有落叶植物一样，落叶松每年秋天都会变黄，落叶，因此得名。

针叶本身含有一定量的水，有助于保持柔软和蓬松。针的表面可以保护植物免受水分流失，其保护层非常薄，仅有助于适应温暖的季节。在寒冷的天气开始之前，落叶松会变黄，树上的叶子会掉下来防止结冰。

华北落叶松树干笔直，大枝平展，树冠圆锥形。小枝通常较细，分长短枝，长枝不下垂。叶窄，在短枝上簇生，在长枝上螺旋状排列。球花单性，雌雄同株，雌、雄球花分别单生于短枝顶端，春季与叶同时开放，花芽分化于头年 6—7 月，翌年 4—5 月开花，雌球花在授粉时呈现出鲜艳的红色、紫红色或红绿色，鲜艳的颜色一直可以保持到球果成熟前；当年 9 月左右种子成熟，球果成熟时由绿色变为黄褐色，有光泽，背面光滑。在没有外力可借助的情况下，种子在秋季会逐渐掉落。

松针掉落后在土中经过长时间的发酵、腐烂，将自身的养分和土结合，这种土里面其实已经包含了很多腐殖质和有机质，能给植物根系提供很好的营养；加上这种腐土一般呈酸性或者很弱的微碱性，能改善本来泥土的酸碱性，最适合栽种喜酸的植物。

松针土能提供更多的营养给植物，让花卉长得更好、更壮。而且松针土的透气度和透水性都相当好，在土壤里加一些松针土可以防止土壤积水，改良土壤的透气性和透水性，让根部长得更健康。

菟丝子 *Cuscuta chinensis* Lam.

俗　　名：豆寄生，龙须子，山麻子，无根草，金丝藤

科　　名：旋花科 Convolvulaceae

属　　名：菟丝子属 *Cuscuta*

形态特征：一年生寄生草本。茎缠绕，黄色，纤细，直径约 1 毫米，无叶。花序侧生，少花或多花簇生成小伞形或小团伞花序，近于无总花序梗；花冠白色，壶形。蒴果球形，成熟时整齐地周裂。种子 2 ～ 49 粒，淡褐色，卵形，表面粗糙。

菟丝子种子休眠后，在土壤中吸水后发芽，因进化过程中，已经丢掉了大多数植物所必需的叶片和根，只保留了不能进行光合作用的茎，因此菟丝子的所有营养只能从寄主获取，这些都是通过特化的器官——吸器来完成。

首先菟丝子把枝条延长弯曲，将自己缠在其他植物上，与此同时接触点的细胞开始分化，形成"吸器"。它一边产生机械压力，一边还能用酶来降解，深入到植株内部，最后，菟丝子的细胞和寄主就连在了一起，强行打通了道路，让水和养分在其中自由流通。

菟丝子的寄主范围非常广，寄主不同，生长周期也会有所差异。菟丝子非常机智，它可以与寄主生长保持一致。如此一来，寄主一旦启动开花程序，就会产生开花素，开花素就通过吸器传递到菟丝子，启动一系列的菟丝子的开花程序，使菟丝子开花，结果就是菟丝子和寄主保持同步开花。这种开花方式，使菟丝子寄生多种不同开花时间的寄主成为可能。

平时一副无花无叶的状态，繁殖期还是会开出像灯笼一样的小白花。

菟丝子种子表面具细密的小点，一端有淡色圆点，用沸水浸泡后，表面有黏性，煮沸至种皮破裂，会露出黄白色细长卷旋状的胚，就是大家通常所说的"吐丝"。

菟丝子所到之处，植物们轻则萎蔫发黄，生长减缓；重则枯枝败叶，全株死亡。其实"菟"字还有另一个意思，《左传》中记载，古人把老虎称作"於菟"，菟丝子的杀伤力确实可以和猛虎比拟。

《诗经·鄘风·桑中》

爰采唐矣？沬之乡矣。

云谁之思？美孟姜矣。

期我乎桑中，要我乎上宫，送我乎淇之上矣。

诗中采"唐"，采的就是菟丝子。菟丝子自古以来就是爱情的象征。

菟丝子是送给女孩子的礼物，古人认为这种植物的汁液可以去除脸上的黑色素，是纯天然的去黑美白护肤品。

兔丝燕麦

菟丝为寄生植物，藤蔓柔软纤细，全株没有叶绿素，呈金黄色，又如未上紧的琴弦，所以又称“金弦”。燕麦指的是一年生的野燕麦，结果实很少，一般采植物当牲畜的饲料，而不做粮食；古人认为菟丝有丝，而不能纺织，野燕麦有麦却不能吃，所以“兔丝燕麦”表示有名无实。出自《北齐·魏收·魏书·列传第五十四·李崇传》。

北魏宣武帝时期，身为“国子祭酒”的邢邵对朝廷不重视学术却花很大人力、财力去修建寺院的做法十分不满，认为这会误国误民。于是，会同其他学官联名上书，要求复兴太学。他说：“今国子虽有学官之名，而无教授之实，何异兔丝燕麦，南箕北斗哉？”

这里的“南箕”指天空上南边的簸箕星，“北斗”指天空上北边的北斗星。意思是，南箕不是簸箕，北斗不是斗，都徒有虚名。

枸杞 *Lycium chinense* Miller

俗　　名：枸杞菜，狗牙子

科　　名：茄科 Solanaceae

属　　名：枸杞属 *Lycium*

形态特征：蔓生灌木。纤弱，弯曲下垂，侧生短枝多为短刺；小枝淡黄色，有棱，或作狭翅状，无毛。叶互生，或在枝的下半部簇生，无毛；叶片卵状披针形，先端尖或钝，基部楔形，全缘。花单一或簇生于叶腋；花柄细；花萼钟形，绿色；花冠漏斗状，紫色，裂片基部有紫色条纹，边有纤毛。浆果鲜红色，卵形或长椭圆状卵形。种子肾形，黄色。花期 8—9 月，果期 9—10 月。

枸杞长着小刺，它学名中的属名“*Lycium*”来自希腊语，原代表一种多刺的鼠李属植物。枸杞因“棘如枸之刺，茎如杞之条”而得名。

仲春时节生出的嫩芽嫩叶，称为枸杞头或枸杞芽，花冠具短筒，花冠筒呈倒圆锥状，向上至冠檐逐渐扩大成漏斗状；枸杞果俗称枸杞子，多汁肉质单果，外果皮薄，中果皮和内果皮肉质多汁，内多粒种子。枸杞的果实、根皮及叶子均可入药。枸杞干燥成熟果实入药，根皮称为地骨皮。

“枸杞”在殷商时代甲骨文中就有记载，殷商帝王为祈祷、预测自然灾害和农作物的丰歉经常进行占卜，甲骨卜辞中就有枸杞的占卜记载。枸杞在中国有 4 000 余年的文字记载史，3 000 余年的药用史。2002 年被中华人民共和国卫生部列为药食两用物品。

在我国自南到北各省的丘陵山坡、田边地头到处可见。我国最早栽培枸杞的一些地区有甘肃张掖一带，产品称为“甘枸杞”；宁夏中宁、中卫等地，产品称为“西枸杞”。

枸杞子富含蛋白多糖、维生素 C、磷元素、铁元素等多种营养成分，可以治疗和预防多种疾病，日常服用，增强机体免疫功能，增强人体功能，延缓衰老，被称为“东方神果”。

《小圃五咏·枸杞》

宋·苏　轼

神药不自闷，罗生满山泽。
日有牛羊忧，岁有野火厄。
越俗不好事，过眼等茨棘。
青荑春自长，绛珠烂莫摘。
短篱护新植，紫笋生卧节。
根茎与花实，收拾无弃物。
大将玄吾鬓，小则饷我客。
似闻朱明洞，中有千岁质。
灵庞或夜吠，可见不可索。
仙人倘许我，借杖扶衰疾。

诗人借诗表现对枸杞的喜爱，把枸杞比作神药。

《楚州开元寺北院枸杞临井繁茂可观群贤赋诗因以继和》

唐·刘禹锡

僧房药树依寒井，井有香泉树有灵。

翠黛叶生笼石甃，殷红子熟照铜瓶。

枝繁本是仙人杖，根老新成瑞犬形。

上品功能甘露味，还知一勺可延龄。

诗人游历楚州开元寺时，见北院临井处有一株枝叶繁茂、红果累累的枸杞，此诗为赞美其而作。

诗中第一句交代枸杞生长的环境，枸杞这种药树生于老井旁，吸纳天地精华，极富灵气。

第二句描写了枸杞的生长状况。枸杞树长得郁郁葱葱，树上挂满了殷红的枸杞子，个个颗粒饱满，玲珑剔透，如同光照的铜瓶一般。

第三句指出了枸杞树的形态。枸杞枝蔓又名“仙人杖”，因其茎坚硬可作拄杖，又因其养生功效颇多，所以雅号“仙人杖”。并说明这棵枸杞年份很久了，根部已经呈现出犬的形状，颇有祥瑞之兆。

第四句说明枸杞的药用价值。其味道如同甘露一般甜美，感觉吃一勺便可以延年益寿。

沙棘 *Hippophae rhamnoides* L.

俗　　名：酸刺柳，海鼠李，醋溜溜，黑山刺

科　　名：胡颓子科 Elaeagnaceae

属　　名：沙棘属 *Hippophae*

形态特征：落叶灌木或乔木，高 1.5 米，棘刺较多，粗壮，顶生或侧生；嫩枝褐绿色，密被银白色而带褐色鳞片或有时具白色星状柔毛，老枝灰黑色，粗糙；芽大，金黄色或锈色。单叶通常近对生，纸质，上面绿色，初被白色盾形毛或星状柔毛，下面银白色或淡白色，被鳞片，无星状毛；叶柄极短。果实圆球形，橙黄色或橘红色；种子小，阔椭圆形至卵形，有时稍扁，黑色或紫黑色，具光泽。花期 4—5 月，果期 9—10 月。

沙棘广受人们欢迎。古希腊人用沙棘喂马，认为马吃了它“毛色光亮”，后来“现代生物分类学之父”林奈将它的属名命名为“*Hippophae*”，“*hippo*”意为“马”，“*phaos*”指“闪亮”。这就是沙棘学名的由来。所以沙棘的枝叶是牛、羊的好饲料，有“铁杆牧草”的称号。

沙棘生命力顽强，可以耐寒、抗风沙，在严酷的盐碱化土地上同样能生存。在中国西北荒漠地区，降水稀少、风沙大，而沙棘能耐干旱，容易形成树林，所以人们用它来防风定沙、保持水土。秋季沙棘果实成熟时，人们将其做成沙棘果酱和沙棘汁；中医则用它制药，可以止咳平喘。沙棘果实中维生素 C 含量高，素有“维生素 C 之王”的美称。

沙棘雌雄异株——雌花和雄花长在不同的植株上，所以雄株和雌株会在邻近的地方一起生长。

沙棘是经济植物，产品既可食用，又可药用。据历史记载，沙棘是传统的藏药、蒙药和中药，含有 206 种对人体有益的活性物质，其中 46 种生物活性物质，包含丰富的维生素及磷、铁、锰、镁、钾、钙、硼、硅、铜等 24 种微量元素，尤以钙、铁、锌、钾、硒的含量最多，素有“天然维生素”之称。它是被中国中医药典和世界药典广泛入药的植物；被国家卫生健康委员会确认为药食同源的植物。

沙棘是地球上古老的植物之一，已经有 6 500 万岁了，也就是说在白垩纪晚期它们就出生啦。沙棘和恐龙是同一时期的物种，但是恐龙早已灭绝，沙棘却度过了冰川纪和荒漠化的严峻考验，顽强地生存下来。

沙棘不但自身能够适应恶劣的自然环境，而且由于它的固氮能力很强，能够为其他植物的生长提供养分，创造适宜生存的环境，因而是优良的先锋树种和混交树种。

褐马鸡漂亮的奥秘

在中国内蒙古高原上，有一种国家一级野生动物褐马鸡。它披着一身蓝褐相间的羽毛，一派华贵风姿。历史上在中国封建时期，人们取其尾羽来装饰武将的帽盔，将其称为“冠”。这可不是一顶普普通通带着羽毛的帽子，而是专门用以激励将士“直往赴斗，虽死不置”的手段。这种给战士们“戴高帽”的制度，也一直延续到清朝末年。

清朝时在原先的基础上，改为蓝翎和花翎。蓝翎纯为“鹖”羽，为品级较低的人戴的。而花翎则是外部为“鹖”羽，内部为孔雀羽的“高级定制”，也是专门给高级官员佩戴的，并且会以翎眼多少来区别官员级别的高低。

然而，人工饲养的褐马鸡却出现了尾羽脱落、毛色暗淡无光的现象。很长时间以来这一问题都没能得到解决。某一年，科研人员偶然发现，褐马鸡在野生状态下，主要栖息地是沙棘林，长期以沙棘叶和沙棘果实为食。于是，科研人员在饲养褐马鸡的过程中人工添加了沙棘果和沙棘叶，经过一段时间后，褐马鸡果然又重新变得漂亮起来。

文冠果 *Xanthoceras sorbifolium* Bunge

俗　　名：文登果，土木瓜，龙瓜，麻腿，文官果

科　　名：无患子科 Sapindaceae

属　　名：文冠果属 *Xanthoceras*

形态特征：落叶灌木或小乔木，高 2 ～ 5 米；小枝粗壮，褐红色，无毛。小叶膜质或纸质，披针形，两侧稍不对称，顶端渐尖，基部楔形，边缘有锐利锯齿，腹面深绿色，背面鲜绿色。花序先叶抽出或与叶同时抽出，两性花的花序顶生，雄花序腋生，直立，花瓣白色，基部紫红色或黄色，有清晰的脉纹。蒴果；种子黑色而有光泽。花期春季，果期秋初。

文冠果其果皮在欲裂未裂之时，三瓣或四瓣的外形酷似旧时文官的官帽，故又称文官果。

文冠果是我国特有的一种优良木本食用油料树种。文冠果种子含油率为 30％～ 36％，种仁含油率为 55％～ 67％。其中不饱和脂肪酸中的油酸占 52.8％～ 53.3％，亚油酸占 37.8％～ 39.4％，易被人体消化吸收。历史上人们采集文冠果种子榨油供点佛灯之用，以后逐渐转为食用，有“北方油茶”之称。

文冠果油与柴油主要成分的碳链长度接近，燃烧后无硫和氮氧化物等污染物质，符合理想生物柴油指标。

甘肃省白银市靖远县地处干旱半干旱地区，光照充足，日夜温差大，自然条件和独特的地理位置自古以来就是适宜文冠果树栽培的地区之一。2017 年 12 月 29 日，国家质量监督检验检疫总局批准对“靖远文冠果油”实施地理标志产品保护。

文冠果全身都是宝，具有非常高的食用价值、药用价值、观赏价值和生态价值，是树木中的国宝，园林中的奇葩。

它抗旱、抗寒、耐瘠薄，根系发达，入土很深，萌蘖能力强，生长较快，对土壤适应性很强，耐盐碱，在撂荒地、沙荒地、黏土地能正常生长，在平原、沟壑、丘陵、黄土地和岩石裸露地上也能生长。喜光，耐半阴，抗暑能力强，是优良的木材树种、水土保持树种。

我国人工栽培文冠果的历史悠久，在西北庙宇、宅院里常有生长种植。寺庙用文冠果油点长明灯，以示佛光普照，神灯长明。文冠果油燃劲儿足，燃烧充分，灯光明亮，可长燃不灭。且油烟小，不熏神像，异常干净。

文冠果的枝干、叶、果皮、花器等部位都是重要药材，具有抗炎、改善学习记忆、防治心血管疾病、抗病毒、抗癌等广泛的生物活性。

《苕溪渔隐丛话后集·本朝杂记上》

宋·胡 仔

《上痒录》云:“贡士举院，其地本广勇故营也，有文冠花一株，花初开白，次绿次绯次紫，故名文冠花。花枯经年，及更为举院，花再生。今栏槛当庭，尤为茂盛。”

每个春天，贡院里的文冠果盛放一树芳华，花初开为白色，之后逐渐变为绿色、绯红、紫色，与官袍颜色契合，故称文冠花；文冠果花开枯荣随文运。因此有“文冠当庭，金榜题名”的美好寓意。进入贡院，才能有考取状元的机会，试厅前的文冠果，因其不断变幻的颜色，具有特殊的意义，象征着考取功名。各位学子都聚集文冠果树下祈祷许愿、启发灵感，殿试高中之后，又会到树下还愿。

宋朝时的文官，以官袍颜色的不同，象征级别的不同。官级越高，服色越深。首穿白袍，次着绿袍，再穿红袍，最大的官才穿紫袍。

文冠花的颜色变化，正如当时文官的袍一样，官越大袍的颜色也逐渐变深，先白次绿次红次紫。文冠果不仅有枯荣随文运的传奇，而且花色变化也正应和了当时文官官袍的晋阶颜色。

蒙古栎 *Quercus mongolica* Fischer ex Ledebour

俗　　名：卷毛红，橡子树，柞树

科　　名：壳斗科 Fagaceae

属　　名：栎属 *Quercus*

形态特征：落叶乔木，树高 20 ～ 30m。幼树皮暗灰褐色，光滑。幼枝紫褐色，光滑。树皮暗灰色，具深纵裂。树冠卵圆形。单叶互生、常在小枝顶端 3 ～ 5 枚簇生；叶片倒卵形，基部耳形；叶波状齿缘；叶表面深绿色，背面淡绿色，有疏柔毛或无毛。花单性，雌雄同株，雄花排成细弱、下垂的葇荑花序，生于新枝叶腋，雌花单生。坚果卵形或椭圆形，顶部有突起的尖端，底部有圆形疤痕，其上有疣状突起。种子具肉质子叶。

授粉之后，子房夏季生长发育为果实。在相当长的时间里，果实都是藏在苞片里面的，苞片伴随着果实越长越大，始终包围着果实，保护它不受外力侵害，这些苞片组成的结构就称为“壳斗”，壳斗科的名字就是这么来的。到秋天果实长到一定个头时，才会从苞片中伸出来，露出大半截身子。

蒙古栎根系十分强大，根系范围的直径可达 6 ～ 7 米，这样它就能从大地中汲取更多的营养和水分。而且它的茎干流量能达到 15.5%，是白桦的 3.3 倍，落叶松的 9.3 倍，红松的 15 倍，因为茎长得十分高，所以茎干流量会把更多的水分和营养直接带到根部，让根部得到丰厚的养分。

春天，蒙古栎萌发是嫩绿的，点缀着山野；夏天，它们葱葱茏茏；到了秋天，叶子逐渐变成杏黄、浅紫、深紫、火红、殷红色，色彩可持续半个多月，直到深秋叶子枯萎成灰黄色；尽管如此，枯萎的叶子依然对树枝不离不弃；即便在寒风凛冽的冬季里依然保持着“枝繁叶茂”，纵然积雪覆盖了山峦，那些顽强地挂在树梢的叶子也像是一簇簇燃烧的火焰，装点着山林。

蒙古栎叶含蛋白质 12.4%，可饲柞蚕，柞蚕丝是我国特有的纺织原料之一，其丝绸具有独特的珠宝光泽、天然华贵、滑爽舒适。

蒙古栎木质坚硬，比重大，耐腐蚀能力强，耐水浸、纹路美观，在家具制造、车辆造船以及建筑等多个领域广泛应用，包括酒桶；但由于材质坚硬很难弯曲，所以制成酒桶极为不易。

樗栎庸材：樗（chū），是臭椿树，栎，是栎树，泛指不成材的树木。比喻平庸无用的人，也用于自谦。

蒙古栎果实称作橡子，它是动画片《冰河世纪》里松鼠想尽办法都没能吃到嘴里的“美食”。

《乾元中寓居同谷县作歌七首　之一》

唐·杜　甫

有客有客字子美，白头乱发垂过耳。
岁拾橡栗随狙公，天寒日暮山谷里。
中原无书归不得，手脚冻皴皮肉死。
呜呼一歌兮歌已哀，悲风为我从天来！

诗歌描写了当年诗人流落同谷，生活困窘，穷困潦倒，一副龙钟之态，经常要去山里，捡拾橡子聊以充饥，抒写满腔悲哀之情。

首联从自叙开始，运用重叠词语，强调诗人作客身份，为下文苦境的描写作好铺垫。

颔联写诗人寄迹于寒山，无衣无食，几乎被冻饿而死。橡栗是栎树的果实，似栗而小，虽可食，但味极苦涩，多食会使腹胀。所以，即使是饥民，不到迫不得已时，都不吃。这两句纯用白描，但怨苦之情却充满字里行间，读来令人辛酸。如今岁暮日晚，天气严寒，无其他野生植物可找，只好跟随狙公（养猴的人，他们用橡栗喂猴）到深山中去拾橡栗。猴子倒有狙公拾了橡栗去喂，诗人却要自己去拾，简直连猴子都不如。

颈联抒写有家难归之苦。人处于绝境，思乡之情必不可遏。家书杳然，诗人忧心如焚，但面对着残酷现实，却又无可奈何。

末联用感慨悲歌作结。歌声便是心声，烈风化成悲风。主客交融，物我合一，诗人于末联点出“悲”“哀”二字，给诗歌定下感情的基调。

卫矛 *Euonymus alatus* (Thunb.) Sieb.

俗　　名：鬼箭羽、四棱树、干篦子

科　　名：卫矛科 Celastraceae

属　　名：卫矛属 *Euonymus*

形态特征：灌木，高达 3 米；小枝四棱形，棱上常生有扁条状木栓翅。叶对生，窄倒卵形或椭圆形；叶柄极短或近无柄。聚伞花序；花淡绿色。蒴果 4 深裂，种子每裂瓣 1 ～ 2，紫棕色，有橙红色假种皮。花期 5—6 月，果熟期 9—10 月。

卫矛的枝条很特别，在老枝上有特殊的翅膀结构，这是小枝的木栓翅，就好像古代战争中使用的弓箭的尾羽一样，因而也有一个诨名叫“鬼箭羽”。因与古代卫兵所用的矛相似，故名卫矛。

卫矛的拉丁学名“*Euonymus alatus*”，“*Euonymus*”指的是“卫矛”属，而“*alatus*”则是“带翅的”。看来对卫矛的命名，中外都是以象形为主。

卫矛的花小，绿色，四片嫩绿色的小花瓣，中间是一个方正的绿色花盘，结出同样是四瓣形的果实。到了秋天，这些果实成熟后变成红色或是粉红色，开裂，露出红色的种子。

它的红色不是为了取悦观赏者，而是为了吸引鸟儿的，因为鸟儿喜欢鲜红的颜色。这样，卫矛的种子就可以被鸟儿采食，随着鸟儿传播到更远的地方生长。

卫矛春天叶为绿色，新叶为红色，到了秋天叶变红，果实裂开也是红色，极具观赏价值。而且卫矛的抗性强、能净化空气，美化环境，适应范围广，栽植成本低，被广泛应用于城市绿化中。

卫矛有一个极富诗意的别名，即“明开夜合树”，这与卫矛花开的习性有关。卫矛的花是白天开放，一到日落，原本绽放的花瓣就会悄悄闭合。

中药鬼箭羽为卫矛科植物卫矛的具翅状物的枝条或翅状附属物。全年可采，割取枝条后，除去嫩枝及叶，晒干。或收集其翅状物，晒干。可破血通经，解毒消肿，杀虫。

山荆子 *Malus baccata* (L.) Borkh.

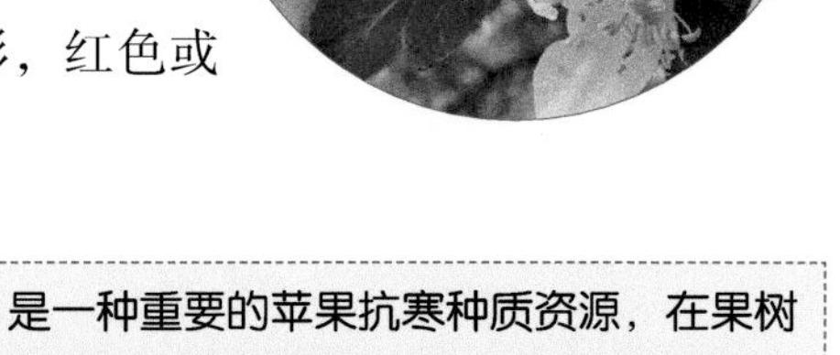

俗　　名：山丁子

科　　名：蔷薇科 Rosaceae

属　　名：苹果属 *Malus*

形态特征：乔木，可高达 4 ～ 5 米，树冠广圆形，幼枝细弱，无毛，红褐色，老枝暗褐色。叶片椭圆形或卵形，边缘有细锐锯齿；托叶膜质，早落。伞形花序，具花 4 ～ 6 朵，集生在小枝顶端；苞片膜质，无毛，早落；萼筒外面无毛；花瓣倒卵形，基部有短爪，白色。果实近球形，红色或黄色，萼片脱落。花期 4—6 月，果期 9—10 月。

山荆子是一种分布广泛的野生果树资源，具有极强的抗逆性和适应能力，是一种重要的苹果抗寒种质资源，在果树育种中具有重要的应用价值；在育种上，它可抗 -40℃以下低温，可以利用山荆子强抗寒性特点，通过杂交育种技术，合理将山荆子宝贵的抗寒基因导入到其他果树中，从而提高其抗寒能力。

山荆子也是我国北方果树主产区的主要砧木，为选育抗寒矮化砧木和矮生品种的宝贵资源。

研究发现，山荆子果营养价值很高，且其蛋白质含量、氨基酸组成和必需氨基酸含量明显优于大多数鲜水果，也优于素有“蔬菜王”之称的胡萝卜和番茄；其精氨酸和组氨酸含量高，特别适合儿童食品的营养特点。

山荆子的营养成分高于苹果，果肉中含糖量在 10％左右，有机酸含量 0.8％～ 1.2％，并含有多种维生素及矿物质，且果香味浓，风味独特，适用于加工果脯、蜜饯和清凉饮料。

山荆子的果实未成熟时酸味偏重，且很涩；当果实成熟后口味好转，但由于成熟果实质地柔软，难运输储存。

《蒙古秘史》成书于 1204 年，是蒙古民族的第一部书面著作，包含了古代蒙古族的政治、经济、历史等内容。书中记录了一种比山楂小的褐红色的树上结的果实，可以拾着采摘食用。充分证实了蒙古族利用野生植物山荆子的历史。

山荆子的果实可入药，可止泻痢，还有解酒的功效。嫩叶可代茶。

稠李 *Prunus padus* L.

俗　　名：臭李子，老乌眼

科　　名：蔷薇科 Rosaceae

属　　名：李属 *Prunus*

形态特征：落叶乔木，高可达 15 米；树皮粗糙而多斑纹，老枝紫褐色或灰褐色，有浅色皮孔；叶片椭圆形、长圆形或长圆倒卵形，托叶膜质，线形，先端渐尖，边有带腺锯齿，早落。总状花序具有多花，基部通常有 2 ～ 3 叶。核果卵球形，顶端有尖头，花期 4—5 月，果期 5—10 月。

稠李果实小，如黄豆大小，核大肉少。未成熟的果实呈绿色，苦涩，单宁类成分多。在成熟过程中，叶绿素含量逐渐减少，花青素等使果实逐渐变黑；单宁逐渐氧化，涩味逐渐消失。经霜打后，果实会更甜，果实中积累的淀粉会逐渐转化成可溶性糖；果胶酶和原果胶酶活性增强，果肉细胞分离，果实也逐渐软化。当然放到冰箱中冷冻一下，也可以实现霜打的效果。

但是吃稠李果也要承担一定的风险，因为吃完稠李果，你的嘴巴、舌头会变紫，牙齿会被染成黑色，如果吃得太多，只能用刷牙的方法减轻黑色的程度，但无法完全去除颜色，甚至需要好几天，才能自然褪色。这说明稠李果实的色素稳定性较好，而且还具有抗氧化、抗疲劳功能。

如果你吃稠李果之后发现牙黑了，请不要惊慌，你没有中毒，只是被染色了而已。

稠李果实营养成分丰富，其中含糖 6.4%，蛋白质含量大体与苹果相似，含少量矿物质和有机酸；可制成果汁、果酱等。

稠李的果和叶中都含有较高的植醇（也称叶绿醇或黄烯醇），是一种不饱和的高碳醇，是合成维生素 E 和维生素 K_1 的原料，在被人体吸收之后不但不易于积累在人体内，还会帮助人体降低胆固醇，阻碍胆固醇被人体吸收，因此也被人们称作“血管清道夫”。

稠李的种子含油量 38.79%，可以用来提炼工业用油。

稠李英文名为“Bird Cherry”，也被称为鸟樱桃，是鸟喜食的一种果实，同时鸟类也帮助它传播了种子。

稠李的叶、花、果、树皮均可入药。叶入药后可以起到止咳化痰的作用，还可以杀虫，能消灭人体中的多种寄生虫。果实可涩肠止泻。

植物拓展活动

探秘树干为什么是圆的

自然界中的树木无论是树干还是树枝基本上都是圆柱体的，这几乎成了植物共有的一个特征。在大自然适者生存的法则下，绝大多数植物不谋而合偏爱圆形，必定是有其原因和道理的。

利用我们身边的材料，简单设计一个小实验，进行验证试试吧。

准备材料：相同大小、材质的纸张，双面胶，土壤（沙子）。

布设测试：将相同大小的纸张分别折叠成等高圆柱形、三棱形和四棱形，并用双面胶固定；分别用相同大小和重量的纸张折叠几个小托盘，并放置在以上形状上；分别向托盘装置沙土，少量逐渐加入，并观察几种形状的变化。

结论：请根据你的观察，给出一个结论吧。

圆柱体树干和树枝更有利于树木的生长，圆形的树干相比其他形状，可以提供最高的输送效率；同样圆柱体的容积最大，能保证树干里能装最多的水；圆柱体也使它自身承载能力更强，这也是我们的小实验所验证的。同时圆柱体也是所有形状中，抗冲击能力最强的，能使树木在自然界中不会轻易地被大风折断，无论风从哪个方向吹来树木受力面积都最小。

第三节　湿地植物

湿地是介于陆地和水体之间的独特地带，土壤潮湿，兼具陆生植物和水生植物。水是影响湿地土壤发育的主要因素，湿地土壤称为湿土或水成土，当水量减少直至干涸后，湿地将逐渐演变为陆地，水量增加又会演变为湿地。湿地植物根系发达，耐水浸泡，适应性强。

内蒙古黄河流域典型湿地植物有菖蒲、盐角草、水烛、千屈菜等。

菖蒲 *Acorus calamus* L.

俗　　名：白菖蒲，葱蒲，臭姑子，水剑草

科　　名：天南星科 Araceae

属　　名：菖蒲属 *Acorus*

形态特征：多年生草本。根茎横走，稍扁，分枝，外皮黄褐色，芳香，肉质根多数，具毛发状须根。叶基生，基部两侧膜质叶鞘，向上渐狭，至叶长 1/3 处渐行消失、脱落。叶片剑状线形，基部宽、对褶，中部以上渐狭，草质，绿色，光亮。花序柄三棱形；肉穗花序斜向上或近直立，狭锥状圆柱形。花黄绿色。浆果长圆形，红色。花期（2—）6—9 月。

“冬至后，菖始生。菖，百草之先生者也，于是始耕”。菖蒲先百草于寒冬刚尽时觉醒，因而得名。冬季地下茎潜入泥中越冬。喜冷凉湿润气候，阴湿环境，耐寒，忌干旱。

菖蒲叶片长而较宽厚，质坚实，顶端尖锐，全形如剑，中间隆起如剑脊，被视为斩旧迎新、祛邪辟晦的象征。全株芳香，可做香料或驱蚊虫；可以提取芳香油。根茎可制香味料。亦称为尧韭，毒性大，误食可致中毒，产生强烈的幻视。

在我国传统文化中，端午节常把菖蒲与艾叶一同挂在门窗上，以驱蚊虫祛避邪疫。所以农历五月初，称为蒲月。

古代文人把菖蒲与兰、菊、水仙并称“花草四雅”。《长物志》记载：“花有四雅，兰花淡雅，菊花高雅，水仙苏雅，菖蒲清雅。”与其他三雅相比，菖蒲低调文雅，端正而不妖娆，正与文人的品行相通。

菖蒲的花序外面常有一片形状特异的大型总苞片，形似寺院供奉用的烛台，呈火焰状，称为佛焰苞。菖蒲的佛焰苞很长部分与花序柄合生，在淡绿色的肉穗花序着生点之上分离，呈叶状箭形，直立，宿存。

雌雄同序，雌花居于花序的下部，雄花居于雌花群之上。自下而上开放。这样的结构只有上方一个小入口，用特殊气味诱引昆虫进入，然后将其困在苞片内，昆虫在肉穗花序上爬上爬下，促使传粉完成。

当佛焰花序成熟时，花序的某些部分呼吸水平增强，所以在开花时，花部会发高热，用手触摸花苞，会感到非常的温暖。

菖蒲，是文人最爱的盆景之一。苏轼、陆游等文豪更是“蒲痴”。陆游曾作诗表达对菖蒲之爱：“寒泉自换菖蒲水，活火闲煎橄榄茶。自是闲人足闲趣，本无心学野僧家。”文豪们把养蒲当作修心养性之“闲趣”。

菖蒲其花、茎香味浓郁，具有开窍、祛痰、散风的功效。

菖蒲的根茎横卧，肥厚，白色带紫，入药称为“白菖”。

《嵩山采菖蒲者》

唐·李 白

神仙多古貌，双耳下垂肩。
嵩岳逢汉武，疑是九疑仙。
我来采菖蒲，服食可延年。
言终忽不见，灭影入云烟。
喻帝竟莫悟，终归茂陵田。

这首诗则是咏叹菖蒲的神奇功效之诗，借用“尧韭”和汉武帝的典故来渲染，大意为：神仙大多相貌古朴，双耳下垂，汉武帝在嵩山上遇上了，以为是九嶷山之神，神仙劝解汉武帝说，我是来采食菖蒲，长久服用可以延年益寿，说完就化为云烟不见了，然而汉武帝却没有醒悟，以至于最后没有成为神仙，死后被埋入茂陵。

这首诗在赞叹菖蒲神效之际，略带讽刺意味，《史记·孝武本纪》记载汉武帝希冀长生不老，封禅泰山，祭祀后土，入海求蓬莱，甘泉建承露，到处求神求仙，然而最后却是没有一点效果。诗人则发挥想象，认为汉武帝是没有服用菖蒲，如果听从仙人指点，长久服用菖蒲健身，那么也会成仙成道。

虽然这首诗纯属于诗人的想象，不过也说明诗人对菖蒲的健身功效非常认同，因而不吝赞美之词。事实上，菖蒲虽然确实有强身健体功效，可是并没有古人认为的那么神奇，而更多的是诗人成仙得道的浪漫情怀的寄托而已。

水烛 *Typha angustifolia* L.

俗　　名：狭叶香蒲，蒲草

科　　名：香蒲科 Typhaceae

属　　名：香蒲属 *Typha*

形态特征：多年生，水生或沼生草本。根状茎乳黄色、灰黄色，先端白色。地上茎直立，粗壮。叶片上部扁平，中部以下腹面微凹，背面向下逐渐隆起呈凸形；叶鞘抱茎。小坚果长椭圆形，具褐色斑点，纵裂。种子深褐色。花果期 6—9 月。

水烛花单性，为雌雄同株，花朵很小，基部有长长的白色弯曲柔毛，花序穗状，雄花序在上方，花序轴具褐色扁柔毛；雌花序在下方，长 15 ～ 30 厘米；因其穗状花序呈蜡烛状。它也很像“香肠”，但它是一个两截的绿香肠。上部雄花序在花粉成熟后，随风飘散，逐渐凋谢，只剩一段空秆，雌花序则受精结果，慢慢变为深褐色。

果实成熟后，香蒲果序会自己爆开，像一个大毛球，风一吹，种子就随风传播了出去。

水烛生长在浅水区，它的根、根茎生长在水的底泥之中，茎、叶挺出水面，属于挺水植物。在空气中的部分，具有陆生植物的特征；生长在水中的部分（根或地下茎），具有水生植物的特征。

它有发达的通气组织，地下茎发达，可在污水中生长，起到净化水质的作用。水烛幼叶基部和根状茎先端可做蔬食，乳白色的地下茎再加上香蒲新生的嫩芽，这两部分端上餐桌被称作蒲菜或是草芽、象牙菜，富含淀粉，鲜嫩爽口。它的叶子柔软又坚韧，且修长适合编织蒲席或扇子，编织物柔韧耐用，用香蒲叶子编制的扇子称为蒲扇。水烛的纤维也可用来造纸，还可以造船。雌花序可作枕芯和坐垫的填充物。水烛果序极易点燃，燃烧速度很快，因此经常被用来当作引火工具；在野外生存中可是个好工具。

《鲁东门观刈蒲》

唐・李　白

鲁国寒事早，初霜刈渚蒲。

挥镰若转月，拂水生连珠。

此草最可珍，何必贵龙须。

织作玉床席，欣承清夜娱。

罗衣能再拂，不畏素尘芜。

这首诗生动形象地描写了鲁东门外农家深秋割蒲草（水烛）的劳动场景，蒲草经过农户的辛勤劳动变废为宝，以夸张手法，赞美了蒲草的可贵与作用。表达出诗人对国家安危的忧虑和对民生疾苦的关怀。

水烛干燥花粉在中药上称蒲黄，蒲黄在中国有着悠久的应用历史，具有活血化瘀、止血镇痛、通淋的功效。

《咏蒲诗》

南北朝·谢　朓

离离水上蒲，结水散为珠。
间厕秋菡萏，出入春凫雏。
初萌实雕俎，暮蕊杂椒涂。
所悲塘上曲，遂铄黄金躯。

第一句描写香蒲（水烛）的形态优美，叶片上水珠晶莹，非常凄美。第二句描写了夏天水边香蒲的优美景色，动静结合，描写细腻，诗中有画，画中有诗，平仄合律，对偶工整。第三句描写了香蒲的用处，刚开始萌芽的时候，被作为鲜美的“蒲菜”美味，用来祭祀供奉，等到后期开花吐蕊长了果实后，由于香气清冽，因而被用来涂抹后宫的墙壁，华丽清香。最后一句化用甄夫人的《塘上行》中的“众口铄黄金，使君生别离”。大意为：众口铄金，积毁销骨，甄夫人认为自己是被别人进谗言而失宠，因而作闺怨诗《塘上行》，结果触怒文帝被赐死，其中用的就是香蒲叶片的疏离之意表达哀怨。

这首《咏蒲诗》是一首咏物抒情诗，通过对香蒲的优美姿态和效用的描写，借以比喻甄夫人。香蒲从嫩芽被作为美食，到繁茂成长，点缀园林水滨，景色优美，最后粉身碎骨还被装饰宫室，甄夫人何尝不是？容貌姣好，凄婉幽美，全身心地付出，生儿育女，没想到最后失宠被赐死，一生是多么的令人哀怜和惋惜。

诗人用简洁新颖的词语，清新隽永的意境，描绘出夏天水边香蒲的明丽景色，再反衬甄夫人最后悲惨的结局，寄情于景，情景交融，表达了对甄夫人凄惨遭遇的同情和感慨，令人心有戚戚焉。

《塘上行》

曹魏·甄　宓

蒲生我池中，其叶何离离。傍能行仁义，莫若妾自知。
众口铄黄金，使君生别离。念君去我时，独愁常苦悲。
想见君颜色，感结伤心脾。念君常苦悲，夜夜不能寐。
莫以豪贤故，弃捐素所爱？莫以鱼肉贱，弃捐葱与薤？
莫以麻枲贱，弃捐菅与蒯？出亦复何苦，入亦复何愁。
边地多悲风，树木何翛翛！从君致独乐，延年寿千秋。

千屈菜 *Lythrum salicaria* L.

俗　　名：水柳，对叶莲

科　　名：千屈菜科 Lythraceae

属　　名：千屈菜属 *Lythrum*

形态特征：多年生草本，根茎横卧于地下，粗壮；茎直立，多分枝，高 30 ～ 100 厘米，全株青绿色，略被粗毛或密被茸毛，枝通常具 4 棱。叶对生或三叶轮生。花组成小聚伞花序，簇生；萼筒有纵棱 12 条，裂片 6，三角形；附属体针状；花瓣 6，红紫色或淡紫色，着生于萼筒上部，有短爪，稍皱缩。蒴果扁圆形，成熟时 2 瓣裂，种子细小。花期 7—9 月。

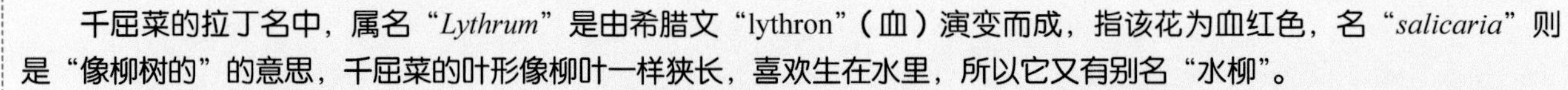

千屈菜的拉丁名中，属名"*Lythrum*"是由希腊文"lythron"（血）演变而成，指该花为血红色，名"*salicaria*"则是"像柳树的"的意思，千屈菜的叶形像柳叶一样狭长，喜欢生在水里，所以它又有别名"水柳"。

千屈菜的花从花序轴顶端的花先开，因此花序轴不能继续向上生长，只能在顶花下方产生侧轴，侧轴又是顶花先开，这种花序称有限花序，其开花顺序是由上而下或由内而外依次进行，虽然远看像是穗状花序，其实为聚伞花序。花瓣有点发皱，雄蕊 12，长短各半，有 6 长、6 短两型；子房 2 室，花柱线形，亦有长短两型，以适应同型雄蕊的花粉。

千屈菜种子繁殖能力非常强，种子数量大，容易被风、水扩散传播，且为宿根多年生植物，在一个地方能存活很长时间。在许多国家，其生长能力强于当地本土植物，生活的湿地环境里，能跟它竞争的植物不多，严重威胁了当地植物的生长繁殖，引发大范围的环境破坏，被列入"世界百大外来入侵物种"之一。

但是事物总是存在两面性的。千屈菜可水生，也可旱生，在盐碱地、建筑垃圾上可以很好地生长，千屈菜能够净化富营养化水体，对于磷的吸收比较强。栽培管理也比较容易，因此具有良好的生态价值。

千屈菜为药食兼用野生植物，在我国有悠久的利用历史。千屈菜中含有丰富的牡丹素，这是一种可以调节人体血压的物质，高血压的人食用之后能缓解过高的血压，而低血压的人们将千屈菜吃进肚里之后，也会减少因低血压而出现的晕晕忽忽的症状，并且这种物质还能有效地缓解人体中存在的炎症。

千屈菜全草含有千屈菜苷、鞣质、没食子酸、对香豆酸、黄酮类成分等物质。千屈菜全草可入药，可治肠炎、痢疾，外用于外伤出血。

植物拓展活动

探秘昆虫对花朵颜色的喜好

在自然界，植物与动物之间通过授粉等行为形成了互惠关系：昆虫采集花蜜，而植物也靠着可以飞行的昆虫将自己的后代传播到了远方。动物对不同颜色的偏好不同，会影响我们看到的花的颜色，那么常见的昆虫最喜欢什么颜色呢？

让我们自己探索一下吧。

准备材料：各种颜色的相同大小的彩纸（黄色、绿色、蓝色、红色、黑色等），毛刷，蜂蜜。

确定观察位置：到公园中昆虫较多的草丛里或树下。

布设场景：将等大的各种颜色的彩纸上涂抹等量的蜂蜜，无须过多，避免流动；并将涂好的彩纸放置于相同环境下。

观察记录：观察不同彩纸上昆虫触碰的次数，并记录下来。

结论：请根据你的记录，给出一个昆虫对颜色喜好程度的结论吧。

你对公园树下的诱虫板还有印象吗？他们是什么颜色的？是的，就是因为一些昆虫对黄色具有偏爱，看到黄色的物体就会飞上去，所以人们才将诱虫板设计为黄色。

虽然很多昆虫都喜欢黄色，但是也有一些昆虫喜欢其他颜色，比如蓟马就喜欢绿色和蓝色，蚊虫喜欢黑色，甚至有些昆虫什么颜色都不喜欢；昆虫之间对颜色的偏爱不但存在差异，而且非常敏感，我们通常说昆虫喜欢黄色，但是黄色也包含了很多种更精细的颜色，比如黄绿色、小麦色、嫩黄色等，昆虫和人一样，也能分辨这些颜色。

第四节 园林植物

栽培植物是经过人工培育的野生植物，适合人类的需求，具有一定的经济价值，包括粮食作物、蔬菜作物、油料作物、纤维作物、果树、观赏植物等。栽培种与野生种相比有明显的栽培性状，一般将植物引入异地种植，不但可以丰富当地的植物资源，还扩大了植物的栽培范围，发挥了植物的优良特性。

内蒙古黄河流域典型园林植物有射干、银杏、连翘、忍冬、紫丁香、山桃、榆叶梅、火炬树、玉簪、秋英、茶条槭、元宝槭等。

射干 *Belamcanda chinensis* (L.) Redouté

俗　　名：交剪草，野萱花

科　　名：鸢尾科 Iridaceae

属　　名：射干属 *Belamcanda*

形态特征：多年生草本，高 50 ～ 120 厘米。根状茎鲜黄色，呈不规则结节状，须根多数。茎直立，无毛。叶常聚生于茎基，2 裂，互生，无柄，广剑形，扁平，全缘，无毛。聚伞花序顶生，花梗和分枝基部均有膜质苞片；花被 6，两轮排列，外轮 3 片较长，长圆状披针形或长圆形，橘黄色，散有红色斑点，背面淡黄色。蒴果长椭圆形至倒卵形，顶端有宿存花被，成熟时 3 瓣裂。种子近球形，黑色，有光泽。花期 7—10 月，果期 8—11 月。

射干的茎疏而细长，叉状分枝的顶端，数朵艳丽的橙红色花组成一个伞形花序，花上散生的紫褐色斑点仿佛充满个性的“豹纹”。6 枚花瓣交错排列，分成两个“阵营”，其中 3 片较大，顶端钝圆或微凹，另外 3 片则略短而狭。可惜芳华易逝，如此绚烂的花朵，通常早上七八点开花，晚上七八点就闭合了，所幸花期长达两个月，依然花容繁茂。

花闭合后并不脱落，而是旋转着扭结在一起，像一根根小辫儿似的。子房位于花朵下方，分成 3 室，7 月左右渐渐发育成小灯笼似的蒴果，蒴果顶端常残存凋萎的麻花状花瓣。

蒴果成熟后裂开，果瓣外翻，露出圆球形的种子。种子为黑紫色，表面富有光泽，着生在直立的果轴上。

射干最早出现在《荀子·劝学篇》：“西方有木焉，名曰射干，茎长四寸，生于高山之上，而临百仞之渊，其茎非能长也，所立者然也。”射干的茎高挑纤长，中国古人描述它“如射人之执竿”，因此叫作射干。古时“射”和“夜”是通假字，所以射干正确的读法应为“yègān”。它的叶扁如剑，碧如竹，交叠相嵌，十分整齐。

射干的英文名为虎斑百合（leopard lily）。因射干果实在成熟后会裸露出黑色的种子，形同浆果黑莓，因此射干又有一个英文名为黑莓百合（blackberry lily）。

《依韵奉和永叔感兴五首　其三》

宋·梅尧臣

勿惊年齿迟，勿叹时节晚。
寒松翳林麓，射干生陇坂。
野蓬随飘飘，秋实缀篡篡。
万物更盛衰，有益必有损。
损益皆自然，曷增凫胫短。
人为智虑役，白发安得免。
利泽欲及时，唯恐不行远。
后世岂皆愚，计校徒勉勉。

此诗道出了射干的生长环境，耐寒、耐旱，忌湿热，喜生长在向阳且排水良好的坡地上。常见生长在人烟稀少的林缘或山坡草地，清雅脱俗且不失自然野趣。

射干在我国作为药用植物栽培历史悠久，常会将形态形似的射干与鸢尾混淆。鸢尾：花序顶生，基本无分枝，顶端多为一朵花，花朵像蝴蝶，花色多为蓝色多数中央面有一行鸡冠状白色带；蒴果长椭圆形有 6 条肋，成熟时自上而下 3 瓣裂，种子黑褐色；射干：蒴果倒卵形顶端无喙，成熟时室背开裂，种子圆球形黑紫色有光泽。

《咏怀其二十二》

魏晋 · 阮　籍

幽兰不可佩，朱草为谁荣？
修竹隐山阴，射干临层城。
葛藟延幽谷，绵绵瓜瓞生。
乐极消灵神，哀深伤人情。
竟知忧无益，岂若归太清！

《咏怀八十二首》是阮籍代表作，这首《咏怀其二十二》是其中之一，诗人采用比兴的手法，通过几种生长在人迹罕至处的奇珍异草，借景抒情，来阐述自己对待人生的态度。

该诗用兰花、朱草、修竹、射干、葛藟等花卉的生长环境，说明要想做到像那些具有君子风范的奇花异草那样，洁身自好，性情高雅，只有隐逸到阒静无人的环境中，在污浊愤懑的俗世红尘里是无法修身养性的。

这篇诗文指出阮籍对现实的感伤以及有志难伸的愤懑，他秉持自己的操守，绝不随波逐流，然而阮籍不会像屈原一样去投江明志，毕竟本来就没有身居高位，只好采取保守回避的态度，对司马氏集团虚与委蛇，明哲保身，“绵绵瓜瓞”，回归太清。

银杏 *Ginkgo biloba* L.

俗　　名：白果，公孙树，鸭脚，鸭掌树

科　　名：银杏科 Ginkgoaceae

属　　名：银杏属 *Ginkgo*

形态特征：乔木，高达 40 米，胸径可达 4 米；幼树树皮浅纵裂，大树皮呈灰褐色，深纵裂，粗糙；幼年及壮年树冠圆锥形，老则广卵形。叶扇形，有长柄，淡绿色，基部宽楔形，叶在一年生长枝上螺旋状散生，在短枝上 3 ～ 8 叶呈簇生状，秋季落叶前变为黄色。球花雌雄异株，单性，呈簇生状；风媒传粉。种子具长梗，下垂，外种皮肉质，熟时黄色或橙黄色，外被白粉，有臭味；花期 3—4 月，种子 9—10 月成熟。

银杏叶呈扇形，古时也称“鸭脚”，北宋开始逐渐在中原流行。

银杏类植物在地球上已存在 2.7 亿年，恐龙时代它们曾非常繁盛，而今银杏纲只有银杏一个物种了。被称为“活化石”，可见银杏的生命力多么的顽强。它的萌芽能力十分惊人，如果砍它一刀，在伤口上能发出新的枝条。而且很多老银杏树虽然主干早已腐朽，但根上发出新的枝条仍然一直活着，还能长成一小片树林。

从华北到江南，到处都能见到银杏的身影；到了秋天，金黄的银杏树叶，可是一道独特的景观。虽然中国是银杏的故乡，不过，真正野生的银杏树很稀少，只在浙江的天目山分布，其他为栽培种，是国家一级重点保护植物。

扇形叶片在整个植物界不多，像银杏这样曲线柔和的只此一家。它与东方传统审美相契合，成为摆件、装饰品等的模板。而且经过漫长的岁月，它依然是亿年前的模样，令人惊叹至极。

翻过它的背面，你发现暗藏的“玄机”了吗？每一支叶脉在向上延展过程中呈“Y”字状不断分为两叉，这可是原始蕨类植物较为常见的分支方式，进化到被子植物就再也没有出现过如此独特的叶脉了。

银杏幼苗的叶和成年银杏的叶有很大差别，使得幼苗很难被识别；因为幼苗叶片上端如“波浪”般起伏的边缘凹进去“裂痕”从完整到六裂的都有，给人们带来了识别上的困扰。

《梅圣俞寄银杏》

宋·欧阳修

鹅毛赠千里，所重以其人。
鸭脚虽百个，得之诚可珍。
问予得之谁，诗老远且贫。
霜野摘林实，京师寄时新。
封包虽甚微，采掇皆躬亲。
物贱以人贵，人贤弃而沦。
开缄重嗟惜，诗以报殷勤。

欧阳修为感谢梅尧臣寄来银杏作诗，称银杏为鸭脚。

银杏种仁、树皮均可入药；种子俗称白果，虽可以食用，但必须烹饪至熟透，且不能多吃，否则容易中毒。

《赠古泉上人》

明·刘 熠

花深竹石迷过客，
露冷莲塘问远公；
尽日苔阶闲不扫，
满园银杏落秋风。

“花深竹石迷过客”，这句诗是化用唐朝著名诗人常建的名句“曲径通幽处，禅房花木深”。“露冷莲塘问远公”中“远公”指的是东晋著名僧人庐山东林寺住持，净土宗（莲宗）始祖慧远大师，这里用慧远大师代指住持古泉上人。“尽日苔阶闲不扫，满园银杏落秋风。”采用问答形式融入诗词，别有情趣，充满禅意。

这首诗语言朴素，词句洗练，“花深”对“露冷”，“闲”对“落”，尤其是“冷”和“落”二字非常传神，把秋天寺庙的闲适幽静、清寂深邃刻画得惟妙惟肖，面对禅院寺庙的优美景色，一片金黄色的银杏铺满庭院，令人湛然空明、心无尘埃，一切都随性而为，自由自在，仿佛领略到禅净的意境。

连翘 *Forsythia suspensa* (Thunb.) Vahl

俗　　名：黄寿丹，黄缓丹，缓带

科　　名：木犀科 Oleaceae

属　　名：连翘属 *Forsythia*

形态特征：落叶灌木，枝开展或下垂，棕色、棕褐色，小枝土黄色或灰褐色，略呈四棱形，节间中空，节部具实心髓。叶通常为单叶，或3裂至三出复叶，叶片卵形，先端锐尖，基部圆形，叶缘除基部外具锐锯齿或粗锯齿，上面深绿色，下面淡黄绿色。花通常单生，先于叶开放；花冠黄色，裂片倒卵状长圆形。果卵球形，先端喙状渐尖。花期3—4月，果期7—9月。

连翘早春先叶开花，花开时香气淡雅、满枝金黄，是早春优良观花灌木。连翘枝开展或伸长，稍带蔓性，常着地生根，小枝梢呈棱形，节间中空，仅在节部有实髓。

连翘生命力和适应性都非常强，在干旱阳坡或有土的石缝，甚至在基岩或紫色沙页岩的风化母质上都能生长。

连翘根系发达，虽主根不太显著，但其侧根都较粗而长，须根众多，广泛伸展于主根周围，大大增强了吸收和固土能力；连翘萌发力强、发丛快，可很快扩大其分布面。

“一体二用”指代来源及用药部位均相同，只因采收期不同而成为具有不同功用的两味中药的现象。连翘的果实就是“一体二用”。

青翘，指连翘果实初熟，尚带绿色时采收，及时干燥，不开裂，突起的灰白色小斑点较少，质硬。种子多数，黄绿色，细长，一侧有翅。

老翘，指连翘果实成熟熟透时采收，及时晒干，开裂，表面黄棕色或红棕色，内表面多为浅黄棕色，平滑，具一纵隔，质脆，种子棕色，多已脱落。气微香，味苦。

二者化学成分有微弱差别，功效有所区别。主要具有清热解毒、消肿散结、疏散风热的功效，有“疮家圣药”之称。

迎春花与连翘花易混，两者主要区别如下：

迎春植株较矮小，枝条呈拱形、易下垂，小枝为绿色；连翘较高大，枝条不易下垂，小枝颜色较深一般为浅褐色。

迎春是三小复叶，叶全呈“十”字形对称生长，叶片较小全缘。连翘是单叶或三叶对生，叶片较大，边缘除基部以外有整齐的粗锯齿。

迎春有6个花瓣，很少结实；连翘则只有4个花瓣，结实。

迎春的枝条是充实的，排有片状髓；连翘枝条中空无髓。

《本草衍义》释其名曰：“今止用其子。折之，其片片相比如翘，应以此得名尔。”

连花清瘟

连花清瘟“连”指连翘，“花”指金银花，用于治疗流行性感冒属热毒袭肺证，症见：发热或高热，恶寒，肌肉酸痛，鼻塞流涕，咳嗽，头痛，咽干咽痛，舌偏红，苔黄或黄腻等。其中连翘是连花清瘟中消炎的主要成分。

研发于SARS期间，用于治疗流感与“非典”等中医认为的“瘟疫”。这就是“连花清瘟”名字的由来。

2022年3月15日，新发布的《新型冠状病毒肺炎诊疗方案（试行第九版）》明确，处于医学观察期，或临床治疗期（确诊病例）的轻型和普通型病人，推荐服用连花清瘟胶囊（颗粒）作为治疗药物。连花清瘟是治疗用药，非预防用药，提前口服不能预防新冠，若没有症状则不推荐服用。

实验显示，连花清瘟也可以在体外抑制新冠病毒的复制，经连花清瘟处理后细胞内病毒颗粒表达显著减少，并可以抑制病毒感染细胞产生的炎症因子。但是，在临床试验中，连花清瘟在提升病毒检测转阴率方面没有明显差异。也就是说，该药并不能有效杀灭人体内的病毒，只是在体外对病毒有作用。

忍冬 *Lonicera japonica* Thunb.

俗　　名：金银花，翁须，鸯藤，宝藤

科　　名：忍冬科 Caprifoliaceae

属　　名：忍冬属 *Lonicera*

形态特征：半常绿藤本；幼枝橘红褐色，密被黄褐色、开展的硬直糙毛、腺毛和短柔毛，下部常无毛。叶纸质，卵形至矩圆状卵形，顶端尖或渐尖，少有钝、圆或微凹缺，基部圆或近心形，有糙缘毛，上面深绿色，下面淡绿色。总花梗单生，花冠白色，有时基部向阳面呈微红，后变黄色，唇形，筒稍长于唇瓣。果实圆形，熟时蓝黑色，有光泽；种子卵圆形或椭圆形，褐色，两侧有浅的横沟纹。花期 4—6 月（秋季亦常开花），果熟期 10—11 月。

《本草纲目》中描述"其花长瓣垂须，黄白相伴，而藤左缠，故有金银、鸳鸯以下诸名"，即为忍冬。忍冬的花冠初开时为白色，随着时间推移而变成黄色，所以通常可以在一株金银忍冬上同时看见两种不同颜色的花。这个阶段的花色改变，主要与花冠中的叶绿素含量有关。在变色过程中，叶绿素的含量降至之前 1/3，此后还在继续降低。同时，主要显现为黄色的类胡萝卜素，含量也降至不足之前的 1/2。花冠中色素的含量降低，才使花冠显现出了白色。

中医中的"金银花"专指忍冬，另有金银忍冬常与之混淆。尽管二者的花粗看十分相似，但仍有区别。金银忍冬的俗名叫金银木，是一种灌木；忍冬则是常绿藤本植物；忍冬苞片大，通常是卵形或椭圆形，长度达到厘米级。忍冬的老枝光滑，表皮常脱落，小枝中空枝上被硬毛；而金银忍冬枝上则被软柔毛。忍冬的果实呈蓝黑色，而金银忍冬的果实呈红色。

宋代以前，人们主要使用金银花的茎、叶入药。宋朝的《苏沈凉方》有了金银花之名后，人们知道了花、茎、叶均可入药且功效相同。清代时人们认为花贵于茎、叶。直到现在人们也只采金银花花蕾来做药。在夏初金银花开放前，清晨去采摘时，选择那些绿色幼蕾，品质最好，将采下来的花蕾放在竹篮中，拿到阴凉的地方自然风干，药用金银花就做好啦。

明代王象晋在《群芳谱》对忍冬花的形态和变色规律进行了详细的描述，"三四月后，开花不绝。花长寸许，一蒂两花，二瓣一大一小，长蕊初开者，蕊瓣俱白，经三二日则变黄，新旧相参，黄白相映，故呼金银花。"

忍冬花色的变化，其实有两个主要的变色阶段：花蕾时为绿色，花初开时变为白色；花开放 2 ~ 3 天后，由白色渐变为淡黄色，直到最终变为金黄色。

《余杭》

宋·范成大

春晚山花各静芳，

从教红紫送韶光。

忍冬清馥蔷薇酽，

薰满千村万落香。

这首诗描述了暮春时节，杭州附近山野的美丽风光，前两句，春天山花烂漫，群花争艳，暮春时节，先后凋零；然而诗人不用凋零二字，反而用“静芳”，万紫千红，静静地释放，似乎像人一样看惯了世界百态，“惯看秋月春风”，依次告别春天，用“送”字突出了拟人双关手法，因为花儿们知道，再过一轮回，还会再次绽放。这也体现了诗人的心态是多么的平和，闲适自然。

后两句则用金银花和蔷薇两种散发香气的花卉，突出了环境之美和花香之浓郁，随处可见的金银花和蔷薇，姿态优美，金银花清香悠悠，蔷薇花浓香扑鼻，整个山野乡村氤氲着自然的香味，是多么的惬意。

这首《余杭》，展现了一派江浙优美的园田风光，令人有一种美的感受，也反映了诗人晚年的平和心态，平易简单，朴素自然，富有情趣，朗朗上口，于平淡之中见优雅，在凡尘之间现真谛。

紫丁香 *Syringa oblata* Lindl.

俗　　名：扁球丁香，龙背木，龙梢子

科　　名：木犀科 Oleaceae

属　　名：丁香属 *Syringa*

形态特征：落叶灌木或小乔木，高可达 5 米；树皮灰褐色或灰色。小枝、花序轴、花梗、苞片、花萼、幼叶两面以及叶柄均无毛而密被腺毛。叶片革质或厚纸质，卵圆形至肾形，先端短凸尖至长渐尖或锐尖，基部心形、截形至近圆形，上面深绿色，下面淡绿色。圆锥花序直立，近球形或长圆形；花冠紫色，裂片呈直角开展，卵圆形、椭圆形至倒卵圆形，先端内弯略呈兜状或不内弯。果倒卵状椭圆形、卵形至长椭圆形，先端长渐尖，光滑。花期 4—5 月，果期 6—10 月。

紫丁香花小紫色，花轴有分枝，每 1 小枝具有花柄的小花着生于分枝上，小花的花柄等长，由下至上开花；整个花序由许多小的分枝组成。丁香花未开时，其花蕾密布枝头，称丁香结。

紫丁香的叶及树皮，夏天或是秋天采摘，晒干或者鲜用，它的味苦、性寒，具有清热解毒、抗菌、利湿退黄疸的功效，现代研究发现它的叶可以用来治疗黄疸型肝炎，安全且无毒副作用，当然它对急性腹泻、火眼、疮疡等也有较好的作用。

紫丁香与暴马丁香很相似，极易混淆。

暴马丁香属于落叶的小乔木或者大乔木，树皮为紫灰褐色，而紫丁香灌木或者小乔木，树皮颜色为灰褐色或者灰色。

暴马丁香叶片为宽卵形、卵形至椭圆状卵形，上面的颜色为黄绿色，下面的为淡黄绿色。而紫丁香叶片为卵圆形后至肾形，上面的颜色为深绿色，下面为淡绿色。

暴马丁香花冠白色，而紫丁香紫色。

暴马丁香果实呈长椭圆形，表面光滑或者有细小的皮孔，果期为 8—10 月；紫丁香果实为卵形或者长椭圆形，表面非常光滑，果期在 6—10 月。

《代赠二首　其一》

唐 · 李商隐

楼上黄昏欲望休，
玉梯横绝月如钩。
芭蕉不展丁香结，
同向春风各自愁。

诗人用以景托情的手法，从诗的主人公所见到的缺月、芭蕉、丁香等景物中，衬托出他的内心感情。

诗人常常以丁香花含苞不放，比喻愁思郁结，难以排解，用来写夫妻、情人或友人间深重的离愁别恨。

“要想骨里香，就得放丁香”的除腥膻腻味调料丁香是桃金娘科植物丁香的干燥花蕾，与紫丁香无关系。

《一株紫丁香》

二年级上册　读本　人民教育出版社

踮起脚尖儿，
走进安静的小院，
我们把一株紫丁香，
栽在老师窗前。
老师，老师，
就让它绿色的枝叶，
伸进您的窗口，
夜夜和您做伴。
老师——
绿叶在风里沙沙，
那是我们给您唱歌，
帮您消除一天的疲倦。
老师——
满树盛开的花儿，
那是我们的笑脸，
感谢您时时把我们挂牵。
夜深了，星星困得眨眼，
老师，休息吧，
让花香飘进您的梦里，
那梦啊，准是又香又甜。

山桃 *Prunus davidiana* (Carrière) Franch.

俗　　名：山毛桃，花桃，野桃，榹（sì）桃

科　　名：蔷薇科 Rosaceae

属　　名：李属 *Prunus*

形态特征：落叶乔木，可高达 10 米。树皮暗紫色或灰褐色，光滑；枝条多直立。小枝纤细，无毛。叶卵状披针形，渐尖，基部宽楔形。花单生，先叶开放，花瓣粉红色。果实近球形，淡黄色，外面密被短柔毛；果肉薄而干，不可食，成熟时不开裂；核球形或近球形，两侧不压扁，顶端圆钝，基部截形，表面具纵、横沟纹和孔穴，与果肉分离。花期 3—4 月，果期 7—8 月。

山桃是北方春天的报春花，它比杏树、紫丁香等提早开花 8 天左右。但早春出没的传粉昆虫和动物极其有限，如果同一时间所有的木本植物开花，这些昆虫和动物是无法满足传粉需求的。

于是植物们根据自己的生长条件，逐渐演化出不同的发芽习性。山桃、山杏这些蔷薇科植物，演化出了先开花后长叶子的特点，来抢占授粉先机。

植物是如何控制自己的花先于或晚于叶子的生发而开放？

寒冷的冬天，植物为了避免冻死而进入蛰伏期，植物的芽正是它们躲避冰霜袭击的秘密武器。当秋天到来，植物开始停止生长新的枝叶，并在枝条的顶端形成休眠芽体。根据在春天开花或者长叶，植物的冬眠芽可以分为花芽、叶芽以及花叶兼有的混合芽。花芽在春天会发育成枝头的花朵，叶芽则会在春天发育成新的叶片和枝条。

山桃虽然是桃，但它并不是我们吃的桃子，虽属于蔷薇科桃属的落叶乔木，名称相近，叶片和花朵也有些许的相似，但它的果子却不能食用。山桃在春天花落之后，枝丫间也会结出毛茸茸的小桃子，但它薄而酸苦的桃肉会在秋天成熟时干瘪开裂，露出长满小孔的桃核。而且山桃的树皮呈暗紫色、表面光滑，且有横向椭圆形皮孔。而桃的树皮通常比较粗糙，常呈灰色。

山桃也和山杏易混，山杏的树皮呈暗灰色、表面粗糙开裂，叶片相对比较圆，萼片在开花之后会慢慢向后折叠。山桃的叶片相对比较狭长，萼片从始至终都是紧贴着花瓣，而且花柱为红色。

山桃会形成很多的花芽，在枝条的节上都会有一两枚花芽，叶芽则长在枝条顶端。因花芽和叶芽对温度敏感度不同。冬天的寒冷过后，温度的回升首先会打破山桃花芽的休眠，花芽迅速发育成花朵开放，而叶芽则需要更高的温度才会打破休眠，因此山桃先开花后长叶。

桃仁可以食用，但一定要处理好。因含毒性较强的苦杏仁素，不可直接食用。

《招叶致远》

宋・王安石

山桃野杏两三栽，嫩叶商量细细开。

最是一年春好处，明朝有意抱琴来。

王安石在这首诗中，分别化用了唐朝雍陶、杜甫、韩愈、李白四位大诗人的名句，他把古人的诗句，经过严格的组合，再形成了一首新的经典，这也正是《招叶致远》这首诗最有趣的一个地方。

开篇第一句是出自雍陶的《过旧宅看花》一诗中的名句，山桃野杏两三栽，不仅充满了生活气息，同时那种独特的意境也是呼之欲出，另外也是很好理解，人们一读就可明白其中的意思。

第二句是出自杜甫的《江畔独步寻花七绝句・其七》，这首诗杜甫写于成都，当时他正好在那里安定下来，建立了成都草堂，才会有嫩叶商量细细开之感，而王安石用在这里也是用出了新意。

第三句是中唐诗人韩愈的名句，出自《早春呈水部张十八员外》一诗中的名句，最是一年春好处，一年之中最好的季节是春天，所以大家都喜爱春天。

第四句是李白的名句，出自他的《山中与友人对酌》，明朝有意抱琴来，如果你明天还想来的话，记得一定要带上那把古琴，到时我们可以一边饮酒一边弹琴。

王安石把四位大诗人的名句，通过重新组合，最终形成了这首新的经典，这也说明王安石才华横溢。

榆叶梅 *Amygdalus triloba* (Lindl.) Ricker

俗　　名：小桃红，鸾枝

科　　名：蔷薇科 Rosaceae

属　　名：桃属 *Amygdalus*

形态特征：灌木稀小乔木，高 2 ～ 3 米；枝条开展，具多数短小枝；小枝灰色。短枝上的叶常簇生，叶片宽椭圆形至倒卵形，先端短渐尖，常 3 裂，基部宽楔形，叶边具粗锯齿或重锯齿。花 1 ～ 2 朵，先于叶开放。果实近球形，顶端具短小尖头，红色，外被短柔毛；果肉薄，成熟时开裂；核近球形，具厚硬壳，两侧几不压扁，顶端圆钝，表面具不整齐的网纹。花期 4—5 月，果期 5—7 月。

榆叶梅的花初开多为深红，渐渐变为粉红色，最后变为粉白色。花有单瓣、重瓣和半重瓣之分；单瓣花品种的榆叶梅结果，重瓣或半重瓣的一般不结果，因这两个品种花的雄蕊与雌蕊退化，不好传粉所致。

单瓣榆叶梅花红色，单层花瓣，花小，萼片和花瓣均为 5 片，小枝呈红褐色；重瓣榆叶梅花红褐色，花大，花瓣多层，花萼 10 片以上，枝条皮多开裂。又称“大花榆叶梅”，开花时间晚于单瓣榆叶梅。半重瓣榆叶梅花粉红色，半重瓣，花萼、花瓣均在 10 片以上，植株的小枝呈红褐色。

榆叶梅的果实是圆圆的小球形，包裹着坚硬的褐色球形种子，果实头上长着一个小小的尖，成熟的时候是红色的，外边还覆盖着一层短短的茸毛。榆叶梅的果实是可以吃的，口感比较差，又酸又涩。

榆叶梅原产中国北部，因其叶似榆，花如梅，故名“榆叶梅”。

它不仅具有很好的观赏价值，而且也是一种油料树种。其种仁含油率高达 50% 左右；完全符合食用油的理化常数标准，其脂肪酸成分主要由人体所需要的油酸和亚油酸组成。

2017 年被国家林业局列入《林业生物质能源主要树种目录（第一批）》。可用于生物柴油，生物化工基础材料等。

《榆叶梅》

当代 · 傅　义

寒香吹尽暖香融，艳比朝阳一样红。

岂必孤高甘自苦，笑携桃杏闹春风。

作者通过诗句描写了榆叶梅开花时间及开花时的景色。

榆叶梅种子和枝条均可入药，其种仁入药为郁李仁，治理润燥，滑肠，下气，利水。枝条治黄疸，小便不利。

桑墟榆叶梅

2020年4月30日，农业农村部正式批准对“桑墟榆叶梅”实施国家农产品地理标志登记保护。

农产品地理标志，是指农产品来源于特定地域，产品品质和相关特征主要取决于自然生态环境和历史人文因素，并以地域名称冠名的特有农产品标志。

桑墟镇是江苏最大木材加工基地，桑墟镇有悠久的榆叶梅种植历史，全镇榆叶梅种植面积已超2万亩，种植规模居全国第一。条河村是桑墟榆叶梅的发源地，一直有种植果树苗木的传统，桑墟镇的土壤非常适合种植榆叶梅，无论是品质还是品种，都优于全国其他产地。

桑墟镇境域范围内所有的“桑墟榆叶梅”生产经营者，在产品或包装上使用已获登记保护的“桑墟榆叶梅”农产品地理标志及其图案，须向登记证书持有人沭阳县桑墟镇榆叶梅协会提出申请，并按照相关要求规范生产和使用标志，统一采用产品名称和农产品地理标志公共标识相结合的标识标注方法。

火炬树 *Rhus Typhina* Lim.

俗　　名：鹿角漆

科　　名：漆树科 Anacardiaceae

属　　名：盐肤木属 *Rhus*

形态特征：落叶小乔木。高达 12 米。柄下芽。小枝密生灰色茸毛。奇数羽状复叶，小叶长椭圆状至披针形，缘有锯齿，先端长渐尖，基部圆形，上面深绿色，下面苍白色，两面有茸毛，老时脱落。雌雄异株，圆锥花序顶生，密生茸毛，花淡绿色，雌花花柱有红色刺毛。核果深红色，密生茸毛，花柱宿存、密集成火炬形。花期 6—7 月，果期 8—9 月。

火炬树的火炬来自它的雌花序和果序。

火炬树雌雄异株，有两种类型：雄株只有雄花序，只负责提供花粉，任务完成了也就枯萎凋落了，所以雄株无法形成火炬。

另一种在同一个花序上既有雌花也有雄花，雌花初开时呈放射状的白色刺毛，这些刺毛从花柱和子房的表面伸出，当完成授粉，果实逐渐成熟，白色的刺毛也逐渐增多，像极了一只只小刺猬。秋季来临，树叶和刺毛颜色逐渐变红，白刺猬也变成了红刺猬，红刺中包裹着一团淡黄，这就是火炬树的果实，而这些刺就是果实的附属物，起到保护果实的作用。

火炬树的一个火炬上有大量的种子，而且这种子被保护得很好，但是它们除了可供观赏，自身的繁殖作用则比较弱。火炬树播种大概 4 年后才开始开花结果，但种子很难自然萌发，繁殖效率低。所以火炬树的繁殖多为无性分株繁殖。

火炬树，因果穗鲜红色，紧密聚生成火炬状而得名。春天开白花，夏天绿叶绿果，秋冬挂红果，一年四季呈现 3 种色彩。

火炬树自身的分泌物质会引起过敏人群的不良反应。

由于火炬树为漆树科植物，其分泌物很多，其中挥发油、树脂和水溶性配糖体等会引起过敏反应，如引起皮肤红肿；加上其花序大，产生花粉多，又是外来种类，如果大面积种植，容易造成不适应人群的过敏反应，形成新的过敏源。

火炬树树叶繁茂，自我保护能力强大，具分泌物，且表面有密集的茸毛，能大量吸附大气中的浮尘及有害物质，牛羊不食其叶片，没有昆虫吃它，也没有天敌控制。

火炬树不仅不会引“火”烧身，还可做防火树种。火炬树枝叶含水率分别为 30%、62%；油脂少不易燃，可作为防火隔离带树种。

火炬树的引种历史

火炬树原产北美，中国科学院植物研究所1959年将其引入我国，1974年以来陆续向全国各地推广。以黄河流域以北栽培较多，主要用于荒山绿化和荒地风景林树种。目前长江流域也广泛栽培。

火炬树的利用价值

火炬树根蘖繁殖能力强，根系分布很浅，水平根系非常发达，在表层土下盘根错节；且耐寒抗旱和耐盐碱能力强，适应性和自然繁殖能力极强，造林成活率高，常用作荒山绿化、盐碱荒地风景林的先锋树种。且在人为破坏及森林火灾后仍能以顽强的生命力而重获新生，是一种良好的护坡、防火、固堤及封滩、固沙保土的先锋造林树种。

火炬树的潜在威胁

在原产地，火炬树自然生长在海拔1 300～2 200米，800～1 200毫米年降水量区域，适应的最高温度42℃，最低温度–35℃，因此具有极广阔的生态位。一旦离开原产地，会因失去生态平衡，而大量滋生，危及引种地的自然生态系统。

据研究表明：火炬树每3年生长量可达到6～8米，部分已入侵至农田肥沃土壤，种植5年左右的母树根系可穿透坚硬的路牙石缝，极度威胁了当地的农业生产和道路交通。并且发现在火炬树成片生长的地方，基本上其他物种被排斥，火炬树一旦大量繁殖，可能会形成物种入侵。

什么是外来入侵物种?

外来入侵物种：不是本地自然发生和进化来的，而是从其他地区传播过来的，已经或者将会改变并威胁本地生物多样性，带来经济和生态损失的物种被称为外来入侵物种。

收集一些资料，辩一辩，火炬树在我国是否应当把它当作外来入侵物种?

玉簪 *Hosta plantaginea* (Lam.) Aschers.

俗　　名：吉祥草，叶耳草，玉春棒，白鹤草

科　　名：天门冬科 Asparagaceae

属　　名：玉簪属 *Hosta*

形态特征：根状茎粗厚。叶卵状心形、卵形或卵圆形，先端近渐尖，基部心形，具 6 ～ 10 对侧脉。具几朵至十几朵花；花的外苞片卵形或披针形；花单生或 2 ～ 3 朵簇生，白色，芬香。蒴果圆柱状，有三棱。种子黑色。花果期 8—10 月。

玉簪，是我国古老而名贵的观赏花卉，原产我国，18 世纪被欧洲国家所认知。花未开时如白玉搔头发簪形所以得名玉簪。玉簪的“柄”叫作“花葶”，抽葶后玉簪高度可以有七八十厘米，具十余朵花。玉簪花的花期很长，而且玉簪的繁殖能力也很强，所以是应用非常广泛的园林植物。

玉簪白天花儿初绽，夜间才开放，花开时微绽出六枚鲜嫩的黄色雄蕊与一枚纤细洁白的雌蕊柱头，芳香袭人。花瓣闭合时形如“玉春棒”，所以也被称为“玉春棒”。

玉簪花耐寒冷，性喜阴湿环境，生命力极强，花儿冬季枯萎，叶子全部枯萎，地上不留痕迹，像从未出现过一样，地下部分依靠地底下积蓄的能量度过冬天；当春风吹过，春雨滋润后，就像竹笋一样，悄无声息地长出地面。

玉簪是少有的南北适宜的美丽宿根植物，从严寒的黑龙江到酷热的两广都有大量栽种。

玉簪的变异性很强，经过长期的自然变异、组培变异和杂交，人们培育出了丰富的叶色株型各异的品种。据说登记在册的品种已经接近 10 000 种。直到现在玉簪的品种还在不断增加中，这其中就包含了不少既可观花又可观叶的品种，有些品种的花朵，还散发浓郁而沁人的芳香。比如在国内的巨无霸，国外的大约翰等。

《玉簪》

宋・王安石

瑶池仙子宴流霞，醉里遗簪幻作花。

万斛浓香山麝馥，随风吹落到君家。

诗中说，在王母娘娘的瑶池宴会仙子喝的是流霞仙酒，酒醉把玉簪遗落人间化作玉簪花。

玉簪在李时珍的《本草纲目》里又被叫作白鹤花，玉簪无论是根还是叶、花都可以当作中草药，有清热解毒的功效。

《玉簪》

元·刘　因

花中冰雪避秋阳，月底阴阴锁暗香。

玉瘦每忧和露滴，心清惟恨有丝长。

且留宛转围沉水，莫遣联翩入粉囊。

只许幽人太相似，苍苔疏雨北窗凉。

第一句既是对玉簪花的形象概括，同时也寓有诗人的情思。表面上是说玉簪花像“冰雪”那样洁白耐寒，不喜阳光，而甘愿在阴冷的月下“锁暗香”，但如果纵观全诗，并联系诗人的身世，这也是诗人消极避世，孤芳自赏思想的流露。

中间四句还是既写花也写人。“露滴”和“丝长”本是极细微而不易觉察的，但对于“玉瘦”而“心清”的花也引起了“忧”和“恨”，这种拟人化的手法，实际上是写出了诗人当时复杂而矛盾的心态。“沉水”是一种香木，也即“沉香”的别名，在这里是代指诗人的节操，“围沉水”就是要坚持自己的操守，而决不能随俗浮沉——“入粉囊”。

最后两句点明玉簪花与“幽人太相似”，所谓“幽人”就是“隐士”，刘因是常以“幽人”自居的，而在诗中，他恰恰是把玉簪花看成“幽人”的化身，借以抒发自己的情怀。

秋英 *Cosmos bipinnata* Cav.

俗　　名：波斯菊，八瓣梅，十样景，扫帚梅

科　　名：菊科 Compositae

属　　名：秋英属 *Cosmos*

形态特征：一年生或多年生草本，高 1 ～ 2 米。根纺锤状，多须根。茎无毛或稍被柔毛。叶二次羽状深裂，裂片线形或丝状线形。头状花序单生。总苞片外层披针形或线状披针形，近革质，淡绿色，具深紫色条纹，膜质。托片平展，上端成丝状。舌状花紫红色，粉红色或白色；舌片椭圆状倒卵形，有 3 ～ 5 钝齿；管状花黄色，管部短，上部圆柱形，有披针状裂片。瘦果黑紫色，无毛，上端具长喙，有 2 ～ 3 尖刺。花期 6—8 月，果期 9—10 月。

原产美洲墨西哥高原地区，其属名“*Cosmos*”在希腊文中有着宇宙、和谐、秩序、名誉、善行等正面意思，又因其具有超强的适应性和繁殖力而被称为“宇宙之花”，秋英种植一次，可在随后的几年中通过自我播种年年生长。

秋英为头状花序，花轴极度缩短、膨大成扁形；花轴基部的苞叶密集成总苞，其上着生许多无柄小花，外形酷似一朵大花，实为由多花（或一朵）组成的花序。花序外环为舌状花宽环，酷似一片花瓣，其实它是形状如舌的合瓣花冠，花冠下部连合成筒状，上部连合呈扁平舌状。中心为管状花，花瓣的基部连合成较长的管，顶端五个花瓣呈辐射对称排列。头状花序中，各小花之间有明确的分工，花序边缘的舌状花是不能结实的无性花，以利于招引更多的昆虫；中间的管状花既能产生花粉，又能结果实。

秋英为短日照植物，只有当日照长度短于其临界日长时才能开花，否则只进行营养生长。在夏天光照强、时间长的情况下，只能保证生长，只有入秋后，日照变短，才会进行花芽分化。

在春季播种的小苗枝叶茂盛，但是开花较少，植株一般会长得很高，容易倒伏。所以波斯菊的播种，可以选择在 7—8 月的时候进行。因为在这个时间里进行播种，光照充足，温度较高，所以生长会比较迅速，株型不会很高，不易倒伏。

茶条槭 *Acer tataricum* subsp. *ginnala* (Maximowicz) Wesmael

俗　　名：茶条，茶条枫

科　　名：无患子科 Sapindaceae

属　　名：槭属 *Acer*

形态特征：落叶灌木或小乔木，一般高约 2 米，偶可高达 10 米。叶卵状椭圆形，纸质，中裂片较大，表面无毛，背面脉上及脉腋有长柔毛。花杂性，伞房花序圆锥状，顶生。果核两面突起，果翅，紫红色。花期 5—6 月；果期 9 月。

茶条槭的雄性花与两性花同株。雌花发育成果皮，延伸的翅及不开裂的干果，即翅果，由两个单侧翅果靠生在一起形成的双翅果，使种子可以依靠风力传播。

茶条槭的翅果稍突起，基部倾斜，一边较宽，另一边较窄，张开近于直立或锐角，外种皮很薄，膜质。

当种子离开母体落下时，像直升机的螺旋桨一样，旋转着落下，宽大的果翅增加了空气的阻力，使翅果落下的过程中在空中滞留的时间增加，同时增大了在传播过程中的传播距离。

果翅还有保护种子的作用，茶条槭种皮含发芽抑制物质，具有深休眠特性，种子不经处理直接浸种，萌芽率不会超过 30%。果翅还可以调节种子萌发。

茶条槭夏季刚刚结出的双翅果呈粉红色，到了秋季，叶子在落叶之前变为红色，是应用广泛的绿化观赏植物。

茶条槭叶含有没食子酸，又称倍增酸，五倍子酸，一种多酚类化合物。没食子酸是性能优良的食品抗氧化剂，可用于食用油脂防腐败变质。可用于药用、化工、食品、轻工、印染等方面。

嫩叶可加工制成茶叶，茶条槭茶主要功效成分为没食子酸、并富含钙、锌、铁、锰、硒等微量元素，有良好的抗疲劳免疫调节的功能。

《山行》

唐·杜　牧

远上寒山石径斜，

白云生处有人家。

停车坐爱枫林晚，

霜叶红于二月花。

诗歌描写和赞美深秋山林景色，进而咏物言志。诗里写了山路、人家、白云、红叶，构成了一幅和谐统一的画面，歌颂了大自然的秋色美。

茶条槭的干燥叶、芽可以入药，可清热明目。

霜叶为什么那么红

平时植物的叶子常呈现绿色是因为叶子中含有很多叶绿素，且叶片在生长中会产生大量的叶绿素进行光合作用。当叶绿素大量分解，叶子的颜色就会随着叶片中色素的变化发生变化。

春天和夏天，在植物生长阶段，新生叶子产生大量叶绿素，而且叶绿素生成速度高于分解速度，所以叶片就是绿色的。

当秋天来临，气温降低，植物光合作用减慢，甚至停止，为过冬积攒营养和能量，叶绿素合成的速度降低，降解的速度比合成的快，所以叶子就不绿了。

当叶绿素分解，类胡萝卜素（叶黄素和胡萝卜素）占据上风，显现为黄色。

那红叶是怎么产生的呢?

这是因为有些植物中含有花青素，但花青素在叶子里很不稳定，容易分解。当秋季来临，温度骤然降低，植物体内积攒的足够的糖类和花青素相互作用，生成花青素苷，花青素苷稳定，不易分解，并呈红色，当花青素苷含量增多，叶片的颜色则呈现红色。所以“霜叶红于二月花”，要先有霜，才有最红的叶。

那么叶子最后变成褐色是什么色素决定的呢?

叶片枯落后，其中的叶绿素、类胡萝卜素、花青素等各种色素会逐渐降解，而叶片中褐色的单宁类物质的颜色就呈现出来了，所以落叶最后就成了褐色。

元宝槭 *Acer truncatum* Bunge

俗　　名：元宝树，五脚树，槭

科　　名：无患子科 Sapindaceae

属　　名：槭属 *Acer*

形态特征：落叶乔木，高 8 ～ 10 米。树皮灰褐色或深褐色，深纵裂。小枝无毛，当年生枝绿色，多年生枝灰褐色，具圆形皮孔。叶纸质常 5 裂；主脉 5 条，在上面显著，在下面微突起。花黄绿色，杂性，雄花与两性花同株，常成无毛的伞房花序；萼片黄绿色；花瓣淡黄色或淡白色。翅果嫩时淡绿色，成熟时淡黄色或淡褐色，常成下垂的伞房果序；小坚果压扁状；翅长圆形，两侧平行，常与小坚果等长，张开成锐角或钝角。花期 4 月，果期 8 月。

元宝槭的翅果形状就像中国古代的“金锭”，由此被命名为元宝槭，为我国特有树种，是荷兰人弗兰克·尼古拉斯·迈耶 1918 年在考察青岛西部时发现的。

叶片基部都是平直的，嫩叶有铜红或者紫红两种，随着气温的升高又会变成绿色，在秋天它的叶子会变成黄色或者是金黄色，常常还会伴随着红色，在季节交替中，叶子会呈现一种渐变的景观，同一根小枝上的树叶，一般是顶端的先变色，基部的后变色。如果突然遇到降温，小枝顶端的叶片已经变红，而中段叶片是黄色，基部还是绿色，整根小枝上的树叶颜色就如同彩虹一般渐变。

元宝槭秋叶变色早，且持续时间长，是优良的观叶树种。

元宝槭具有很好的实用价值，是集食用油、蛋白、药用、化工、鞣料等特用材料以及园林绿化观赏于一体的优良经济树种。

研究表明：元宝槭树皮具有更强的抗氧化和抑制肿瘤细胞生长的活性；元宝槭油含有丰富的不饱和脂肪酸，特别是存在较高含量能够修复受损神经细胞的神经酸；种子残渣中还含有多种活性成分，种子残渣具有抗肿瘤活性和极强的乙酰胆碱酯酶抑制活性，具有极高的保健作用。

元宝槭油与食用的芝麻油和花生油的脂肪酸组成近似，必需脂肪酸的含量高。可用于炒菜、煎炸食用。

元宝槭中含黄酮、维生素以及多种矿物质元素，以及很多的活性物质。根皮入药，可治风湿腰背疼痛。

为树木穿冬衣

冬天树上涂的白色的东西是石灰水。

一是保暖，可以让树木在冬天里更好地生存，也可以避免树皮的龟裂。二是可以消毒、杀虫，可以杀死树上的病菌、真菌，而虫子又不喜白色，喜欢黑色，所以只要涂上白色，就不会再往树上钻了。

这种白液的主要成分是石灰乳、食盐、大豆粉、石硫合剂。冬天即将来临，让我们行动起来，为树木穿上冬衣吧。

白液配方：

（1）硫酸铜石灰涂白剂：生石灰 10 千克、硫酸铜 500 克、水 30 ～ 40 千克［（硫酸铜、生石灰、水的比例为 1∶20∶（60 ～ 80）］用少量开水将硫酸铜充分溶解，加入总用水量 2/3 的水稀释；用另外 1/3 的水将生石灰化开，调成浓石灰乳，等温度下降后倒入硫酸铜溶液，搅拌均匀即可。

（2）石灰硫黄涂白剂：生石灰 100 千克、硫黄 10 千克、食盐 2 千克、动（植）物油 2 千克、热水 400 千克。硫黄粉越细越好，最好再加一些中性洗衣粉，约占水重的 0.2% ～ 0.3%。

涂白步骤：

1. 先在每棵需要涂白的乔木上做好标记，可用透明胶布在树干 1.3 米的上方处缠绕一圈。

2. 用刷子蘸取涂白液，涂于标记下方的树干上。

3. 涂白时要注意乔木下的灌木及地被，不能将涂白液滴落在植物上面及道路上，不得影响景观。

在家中种植橡树

准备橡子：选择饱满，质重，无虫害的橡子，种子采收后用 50 ～ 55℃温水浸种 15 分钟或用冷水浸种 24 小时。

准备土壤：准备壤土或砂壤土的肥沃土壤，栽培容器选择深度 40 厘米以上的器皿；将容器底部开孔保证通气，底部铺设大粒石子等，保证排水，铺装土壤。

种植：将橡子放入装有泥土的容器中，种脐向下，间距 10 厘米，播种后覆土，避免种子暴露在外，轻度镇压后浇透水，播种深度、覆土厚度 5 ～ 6 厘米。在发芽前，橡子须在凉爽地方放置 120 天左右，至春天。后将其放置在湿度恒定的地方，促进进一步发芽。

施肥：每年 6 月下旬对橡树追加氮磷钾复合肥，并及时浇水和松土除草，以减轻病害。当叶片出现斑点，则表明植物病害为可用硫酸铜处理的白粉病。

词汇释义

苞片（苞叶）：生在花下面的变态叶称为苞片（或苞叶）。

抱茎：叶基部抱茎，如青菜的茎生叶。

被子植物：植物界最高一级的一类植物。最主要的特征是种子或胚珠被在果实或心皮中。果实在成熟前，对种子起保护作用，种子成熟后，则以各种方式散布种子，或继续保护种子。

波状：叶缘起伏呈波浪形，如茄的叶缘。

草本：植物体木质部较不发达至不发达，茎多汁，较柔软。

草甸：在适中的水分条件下发育起来的以多年生中生草本为主体的植被类型。

草原：在较干旱环境下形成的以草本植物为主的植被类型。

叉状脉序：每条叶脉均呈多级二叉状分枝，是比较原始的一种脉序，如银杏的脉序。

常绿植物：一种全年保持叶片的植物，叶子可以在枝干上存在 12 个月或更长时间。

簇生：每节生 1 枚或 2 枚以上的叶，节间极度缩短，好像许多叶簇生在一起，如金钱松、银杏等。

簇生叶：节间极度缩短，多数叶丛生短枝上，如银杏、落叶松等的叶。

单被花：指只具花萼而无花冠或只具花冠而无花萼的花。

单叶：一个叶柄上只生 1 片叶片，如棉、油菜、桃等的叶。

倒心形：叶尖具较深的凹缺，如酢浆草的叶。

地衣植物：藻类和真菌组合在一起共生的复合有机体，是没有根茎叶分化，结构简单、多年生的原植体植物。

对生：每节上相对着生 2 枚叶，如女贞、芝麻、薄荷等的叶序。在对生叶序中，一个节上的 2 枚叶常与上下相邻的 2 对叶交叉成“十”字形，称为交互对生，很多对生叶序常为交互对生，如薄荷和水苏的叶。

对生叶：叶着生的茎或枝的节间部分较长而明显，各茎节上有 2 片叶相对着生，如沙棘等的叶。

钝齿：叶缘具钝头的齿，如天竺葵的叶缘。

钝形：叶尖钝或狭圆形，如厚朴的叶。

多年生草本：能生活二年以上的草本植物。有些植物的地下部分为多年生，如宿根或根茎、鳞茎、块根等变态器官，而地上部分每年死亡，待第二年春又从地下部分长出新枝，开花结实，如藕、洋葱、芋、甘薯、大丽菊等；另外有一些植物的地上和地下部分都为多年生的，经开花、结实后，地上部分仍不枯死，并能多次结实，如万年青、麦门冬等。

耳形：叶基两侧的裂片钝圆，下垂如耳，如白英的叶。

二年生草本：第一年生长季（秋季）仅长营养器官，到第二年生长季（春季）开花、结实后枯死的植物，如冬小麦、甜菜、蚕豆等。

繁殖器官：生物体产生生殖细胞用来繁殖后代的器官，包括花、果实、种子等。

分蘖：禾本科等植物在地面以下或近地面处所发生的分枝。产生于比较膨大而贮有丰富养料的分蘖节上。

复叶：在一个叶柄上生有两枚或两枚以上叶片的叶。

高原：指海拔高度在 1 000 米以上，相对高度 500 米以上的地区，地势相对平坦或者有一定起伏的广阔地区。

戈壁：地面几乎被粗沙、砾石所覆盖，植物稀少的荒漠地带。

根：维管植物体轴的地下部分，主要起固着和吸收作用，同时还有合成和贮藏有机物质，以及进行营养繁殖的功能。

根系：一株植物全部根的总称，包括主根及其各级分枝、不定根和其侧根。

蓇葖果：由单雌蕊发育而成的果实，成熟时，仅沿一个缝线开裂，如耧斗菜的果实。

灌丛：以灌木占优势的植被类型。

灌木：指那些没有明显的主干、呈丛生状态、比较矮小的树木。

果实：被子植物的花经传粉受精后，由雌蕊子房或兼有花的其他部分参与发育形成的器官。由果皮和种子构成，是被子植物的繁殖器官和贮藏器官。

核果：由一至数心皮组成的雌蕊发育而来，外果皮薄，中果皮肉质，内果皮坚硬，如桃的果实。

互生：每茎节上只生 1 枚叶，交互而生或呈螺旋状着生，如水稻、小麦、桃、梨、蚕豆、棉、南瓜等的叶序。

互生叶：叶着生的茎或枝的节间部分较长而明显，各茎节只有一片叶着生，如马齿苋的叶。

花：被子植物的繁殖器官，其生物学功能是结合雄性精细胞与雌性卵细胞以产生种子。

花被：着生在花托的外围或边缘部分，是花萼和花冠的总称，由扁平状瓣片组成，在花中主要是起保护作用，有些花的花被还有助于花粉传送。

花序：许多花按一定的次序排列在茎轴上的方式。

荒漠：由旱生、强旱生低矮木本植物，包括半乔木、灌木、半灌木和小半灌木为主组成的稀疏不郁闭的群落。

基生叶：叶自地表基部发出呈莲座状称基生，如菖蒲的叶。

急尖：叶尖较短而尖锐，边缘直，如荞麦的叶。

戟形：叶基两侧的裂片向左右外展，如菠菜、小旋花的叶。

荚果：由单雌蕊发育而成的果实，成熟时，沿腹缝线和背缝线开裂，如甘草的果实。

尖凹（微凹）：叶尖顶端凹入，如细叶黄杨的叶。

坚果：果皮坚硬。内含一粒种子，如白桦的果实。

渐尖：叶尖较长，或逐渐尖锐，有稍内弯的边缘，如桃的叶。

箭形：叶基两侧的裂片尖锐，向下，似箭头，如慈姑的叶。

浆果：外果皮薄，中果皮、内果皮均为肉质化并充满汁液，如忍冬的果实。

截形：叶尖如横切成平顶状，多少成一直线，如小巢菜、鹅掌楸的叶。

茎：维管植物地上部分的主干，上面着生叶、花和果实。它具有输导营养物质和水分以及支持叶、花和果实在一定空间的作用。有的茎还具有光合作用、贮藏营养物质和繁殖的功能。

矩圆形：叶片较宽部分在中部，两侧边缘几平行。

锯齿（状）：叶缘裂成齿状，齿下边长，上边短，如大麻的叶缘。锯齿较细小的，称细锯齿，如梨、桃等的叶缘；锯齿之上又有小锯齿的，称重锯齿，如樱桃的叶缘。

聚合果：指由花内若干离生心皮雌蕊聚生在花托上，发育而成的果实，每一离生雌蕊形成一单果，如细叶白头翁的果实。

蕨类植物：根、茎、叶中具真正的维管组织，以孢子繁殖。

菌类植物：是泥盆纪时期的低地生长木生植物的总称，是一群没有根、茎、叶分化，大多数不含叶绿素，不能进行光合作用制造碳水化合物的异养低等植物。

阔叶林：由阔叶树种组成的树林，分为冬季落叶的落叶阔叶林（又称夏绿林）和四季常绿的常绿阔叶林（又称照叶林）两类。

鳞叶：叶的功能特化或退化成鳞片状。

菱形：叶片几成等边斜方形，如菱、乌桕的叶。

卵形：叶片下部圆阔，上部稍狭，呈卵状，如女贞、苎麻的叶，倒卵形为卵形的颠倒，如紫云英的叶。

轮生叶：叶着生的茎或枝的节间部分较长而明显，每节着生三叶或者三叶以上，如桔梗的叶。

裸子植物：指种子植物中，胚珠在一开放的孢子叶边缘或叶面的植物，孢子叶通常会排列成圆锥的形状；由于孢子叶并不向内卷合包覆胚珠，所以也无子房的构造。

落叶植物：秋冬季节或旱季叶全部脱落的多年生植物。

披针形：叶中部以下最宽，向上渐狭，如桃的叶。倒披针形为披针形的颠倒，如小檗的叶。

偏斜：叶基两侧不对称，如秋海棠、地锦、朴树的叶。

平行脉序：侧脉与中脉平行或近平行达叶顶，或自中脉分出平行走向叶缘。

平原：地面平坦或起伏较小的较大区域。

乔木：树身高大的树木，由根部发生明显独立的主干，主干直立，而非攀缘或匍匐，主干离地相当高度后才开始分枝；树干和树冠有明显区分，树冠具有一定形态，且通常高达六米至数十米以上。

全缘：叶片边缘平整无缺，如女贞、紫荆、甘薯和稻、麦等的叶缘。

三出脉：叶片基部或近基部具有三条明显的叶脉，称三出脉。

肾形：叶片基部凹入成钝形，先端钝圆，宽大于长，似肾脏形，如积雪草的叶。

生物圈：指地球上凡是出现并感受到生命活动影响的地区。是地表有机体包括微生物及其自下而上环境的总称。

湿地：指地表过湿或经常积水，生长湿地生物的地区。

瘦果：果皮与种皮易分离，含一粒种子，如苍耳的果实。

双被花：又称二被花，指一朵花中同时具有花萼和花冠。

水生植物：能在水中生长的植物统称。

蒴果：由复雌蕊发育而成的果实，成熟时有各种裂开方式，如柽柳的果实。

藤本植物：是指那些茎干细长，自身不能直立生长，必须依附他物而向上攀缘的植物。

条形：叶片狭长，全部的宽度略相等，两侧叶缘几平行，如稻、麦、韭菜和水仙的叶。

托叶：叶柄基部、两侧或腋部所着生的细小绿色或膜质片状物。

椭圆形：与矩圆形相似，但两侧边缘呈弧形，如茶、樟树的叶。

网状脉序：叶片上有 1 条或几条主脉，主脉向两侧分出许多侧脉，侧脉再分出许多细脉，相互连接呈网状。双子叶植物的叶脉大多数属此类型。网状脉序又因主脉数和侧枝分支的不同，再分为羽状（网）脉和掌状（网）脉，前者如梨、桑、柳等的叶脉，后者如南瓜、蓖麻的叶脉。

微缺：叶尖具浅凹缺，如苜蓿的叶。

维管植物：具有维管组织的植物。

无被花（裸花）：既无花萼又无花冠的花，如杨、柳、胡桃的花。

无机物：指不含碳元素的化合物，但包括含碳的碳氧化物、碳酸盐、氰化物、碳化物、碳硼烷、羰基金属、烷基金属、金属的有机配体配合物等在无机化学中研究的含碳物质。

先锋植物群：是指由于遭受自然和人为地质作用破坏，使当地变成寸草不生的极端恶劣环境后，能先期到达该地生长和繁衍的植物，是一种生命力极强、能在极端环境下生存、经济附加值高的植物群。

楔形：叶片自中部以下向基部两边逐渐变狭，形如楔子，如含笑花的叶。

心形：近似卵形，但基部更宽圆而凹入，先端尖，呈心脏形，如紫荆的叶。倒心形为心形的颠倒。

休眠：植物的芽或种子生长停顿、生命活动微弱的时期。

牙齿（状）：叶缘齿尖锐，两侧近相等，齿直而尖向外，如蜂斗菜、桑的叶缘。

叶：是维管植物营养器官之一。其功能是进行光合作用合成有机物，并有蒸腾作用，提供根系从外界吸收水和矿质营养的动力。

叶绿素：高等植物和其他所有能进行光合作用的生物体含有的一类绿色色素。

叶形：叶片的形状常以长阔的比例、最阔部分的位置和叶的象形来进行描述。

叶序：叶在茎或枝上着生排列方式及规律。

一年生草本：在一个生长季节内就可完成生活周期的，即当年开花、结实后枯死的植物，如水稻、大豆等。

营养器官：是维持植物生命的器官，植物的根、茎、叶等器官。

有机物：主要是由碳元素、氢元素组成，是一定含碳的化合物。

圆形：叶片呈正圆形，如莲的叶。有的圆形叶的叶柄着生在叶片中央或近一侧，又称盾形叶，如莲的叶。

藻类植物：具有叶绿素、能进行光合作用、营光能自养型生活的无根茎叶分化、无维管束、无胚的叶状体生物。

沼泽：指地表及地表下层土壤经常过度湿润，地表生长着湿性植物和沼泽植物，有泥炭累积或虽无泥炭累积但有潜育层存在的土地。

针形：叶十分细长，先端尖，如松叶。

植被：地球表面某一地区所覆盖的植物群落。依植物群落类型划分，可分为草甸植被、森林植被等。

植物：在自然界中，凡是有生命的机体，均属于生物。生物分为几个界，把能固着生活和自养的生物称为植物界，简称植物。

种皮：被覆于种子周围的皮。

自养生物：以无机物为营养和可自行制造有机物供自身生长需要的生物。